［増補新装版］

見る脳・描く脳

絵画のニューロサイエンス

岩田 誠――著

東京大学出版会

The Seeing Brain and the Drawing Brain
—The Neuroscience of Drawing—
[Expanded Revised Edition]
Makoto IWATA
University of Tokyo Press, 2018
ISBN978-4-13-063370-3

見る脳・描く脳【増補新装版】

目次

序章　描くヒト……1
【序章の補遺】……9
第1章　見るということ……11
1―網膜に写る世界……12
2―大脳皮質に写る世界……27
3―視覚的思考の場……43
4―視覚的イメージ……64
第2章　描くということ……79
1―描くための基本技術……80
2―描画の脳機構……97
3―構図……114
4―描画の進化……121
【第2章の補遺】……129
第3章　脳から見た絵画の進化

ii

序章　描くヒト

一九九六年六月末、私は森と湖の国フィンランドを訪れた。ヘルシンキから約二〇〇キロメートルほど北の町タンペレで開かれた第一〇回世界心理生理学会議に招かれた機会に、数年前からの友人であり、北方の町オウルの大学で神経内科を主宰しているヒルボム教授に会いたいと連絡をとったところ、彼はヘルシンキまでわざわざ私を迎えに来てくれ、フィンランド東部に広がる湖沼地帯にある彼のサマーハウスにまで連れていってくれた。地図でみると、このあたりは第二次世界大戦の直前にロシアに奪われたカレリア地方の目と鼻の先である。ところどころに太古の時代の氷河の先端部がつくるモレーンの丘が走っている以外は、じつに平坦な土地であり、東北から西南の方向に斜行する無数の細長い湖が連なっている。これらの湖はそのほとんどが自然、あるいは人工の水路で連絡しており、何百キロにもわたる湖水の道を作っている。湖の周囲は、白樺と針葉樹が混在した美しい森となっており、この森のなかにポツンポツンと家が建っている。家の前の、水と森との境界には、きまってサウナ小屋とおぼしき小さな木の小屋があり、その傍《かたわら》にはかんたんな船着き場がしつらえられている。ヒルボム教授のサマーハウスは、この湖沼地帯のミッケリという町の近くにあった。この国がまだ帝政ロシアの領土となっていたころ、この町でただ一人の医者として開業した彼の祖父が、いまから約九〇年ほど前に別荘として建てたというこの家は、その辺りでも大変に古い、しかも大きな木造建築である。彼によれば、この地方で同じころ建てられたロシア皇帝の釣りのための別荘も、大きさの違いを除けば、この家とほとんど同じ造りだという。

湖に面した彼のサウナ小屋で、伝統的なフィンランド・サウナの使い方を教えられた。学生時代に外科の臨床講義を聴いた階段教室のような段を数段登り、とまり木のようなベンチに腰をかけ、ながい柄の柄杓で、下の窯に上から湯を注ぎこむ。すると、ムーッという熱気がたちこめてきて、たちまち小屋のなかの温度が上がってくる。これを何度か繰り返すうちに、体中から汗が噴き出してくる。そしてここで、束ねた白樺の枝を水に浸し、これで体中をバンバンと叩く。すると、もう体が耐えようもなく熱くなってくるので、小屋から素裸で飛び出し、船着き場まで走っていってそのまま湖にドボンと飛び込む。火照った体に冷たい水が心地よい。用意してくれたビールなど適当に飲みながら風に吹かれて体を冷やし、もう一度サウナ小屋へ。この単純な繰り返しをいくどかするうちに、時間だけが音もなくすぎさっていった。北緯六〇度をこえる北国の夏至のころともなれば、空はいつまでも爽やかな夕暮れの明るさをたもち、いくら経っても時がすぎていかないように思われるのも不思議ではない。

サーモンと、トナカイの燻製肉、おいしいチーズ、そしてシュナップス、これだけのものがあれば、話しがつきることはない。そのうち彼がいった。「明日はモーターボートで出かけよう、ここからずっと東のサイマー湖まで。君に見せたいものがあるんだ。いまから三〇年ほど前に発見された石器時代の壁画があるんだよ。僕は少年時代にその対岸の島でキャンプをしたことがあるんだ。そこからその壁画のある岩壁のところまで、泳いで渡ったのだけれど、そこにそんな壁画のあることには気が付かなかった。三〇年前に湖の壁画が発見されたことをしってとても残念に思った。僕が発見者になってたかもしれなかったのに…」。これは私にとっては驚くべき話しだった。石器時代のフィンランド。文明時代に入ってからでさえ、冬の厳しさに耐えるためには、ヒトの知恵のあるかぎりを出しつくさねば生きていけないというのに、そんなところで石器時代の人はどうやって生き抜いていくことができたのだろうか。そのことでさえ驚きであったのに、生き延びるだけで精一杯であったに違いないその人びとは、そこで絵を描いていた。いったいこれはどういうことなのだろうか。そのころ、描くということはいったい、感性を満足させるための快楽の営みであったのか、それとも命をかけた厳しい生活に耐えていくための苦行のひとつであったのだろうか。そんな思いが頭のなかをめぐりだした私に、友人はお休みといって燭台を手渡してくれた。そして、どうぞ自由に使ってくれたまえと案内された二階の大きな寝室には電灯はなかったが、燭台を置いたテーブルの後ろの窓の外にはいつまでもほの白い空が広がっていた。

つぎの朝、快晴の空の下に響く「サイマーに行くわよー」というヒルボム夫人の一声で、私たちはモーターボートに乗り込み、サイマー湖に向かった。波の立たない静かな湖面を私たちのボートはすべっていく。「サイマー湖の水は澄んでいてきれいだから、そのまま飲めるんだ」というヒルボム教授の声ははずんでいる。彼が自由に操るモーターボートはヤマハ製である。「わが家のピアノと同じ会社の製品だ」という私の言葉にいささか怪訝《けげん》な顔をしながらも、「このモーターボートの性能には満足しているよ」と、得意そうにいった。広い湖面や狭い水路をいくつもすぎ、二時間ほどいったところで、一〇〇メートルほどの幅の水路に到達した。水路の南側はかつて友人が少年のころキャンプをした低い岸の島であり、北側には高い岩壁が連なっている。私たちのモーターボートは、その岩壁の下に作られた船付き場に横づけされた。小さな栈橋を上がると、そこにアストゥヴァンサルミという地名表示があり、目の前の岩壁に描かれた絵の説明があった。それによると、紀元前二五〇〇〜二八〇〇年の壁画であるという。岩壁を見上げると、そこには赤く太い線で描かれた動物の横顔と、立ち上がっている人物の姿があった。このときはじめて、昨夕の話しは夢ではなかったのだ、ということが実感となってよみがえってきたのである。北の果てのこのような極限の地で、それでもヒトは描いていた。なんのために、誰のために、そしていつのために……。描くという営みがかくも古くからヒトの生活に密着していることに、私はあらためて驚かされたのである。

日本で、装飾古墳に最初の壁画が描かれだしたのは五世紀になってからのことであり、このフィンランドの岩肌の絵画から遅れること三〇〇〇年の後である。しかし、今日しられている石器時代の絵画では、アストゥヴァンサルミの壁画はけっしてそれほど古いものではない。一三五〇〇年前に描かれたというスペインのアルタミラ洞窟の壁画、同じく一五〇〇〇年前のフランスのラスコーの壁画などは、ヒト（ホモ・サピエンス）の残した作品としていずれも、桁はずれに古い時代の壁画である。また、一九九四年には、フランス南東部のアルデシュにある洞窟で、ショーヴェがいまから約三〇三四〇年から三二四一〇年前に描かれた壁画を発見し調査している。そこに描かれた数々の動物たちのリアルな姿をみると、造形芸術の表現精神というものが、かくも古い時代から変わることなく綿々と営まれてきたことに驚かざるをえない。ショーヴェ洞窟の壁画では、壁面の凹凸を利用した遠近感の表現がみられるというが、キャンバスの上にいかにして三次元空間を表現するかを模索してきた近代絵画の苦悩を考えると、ここでもまたヒトの精神活動の普遍性に驚嘆せざるをえないのである。ホモ・サピエンスというあまりにも傲慢な名前を名のってしまったヒトの歴史が、ほぼ五〇〇〇〇年ほどであったということを思うと、そのすごしてきた時間の少なくとも六〇パーセント以上のあいだ、ヒトは描き続けてきたことになる。有史以来ほとんどつねにけっして賢いなどとはいえぬ存在であり続け、しかも二一世紀に至りますます愚かな営みを重ねるだけであろうヒトという生物は、もういまや、種名に冠されたサピエンスという形容詞を捨てなければならないところまできてしまったように思われる。かつて私は、賢くはなかったとしても、少なくとも言葉を操っていたことは事実であろうと思い、ホモ・サピエンスとよぶよりは、ホモ・ロケンス（喋るヒト）とよびたいとのべたことがあるが、ショーヴェ洞窟からの綿々とした絵画の歴史を考えると、ヒトは喋ることがその特質なのか、描くことがヒトのヒトたるゆえんであったのか、容易には結論が出せなくなってしまうことに気が付く。ひょっとして、ジャワ原人や北京原人のようなサピエンス以前の、先輩たちのホモでさえ喋れた可能性はないだろうか。そうとすれば、われわれだけをホモ・ロケンスとよぶのはまちがいとなる。また、ヒトがいつから喋れるようになったのか、本当のところはよくわかっていないのであるから、自由に喋れるより以前に、自由に描くことができていた可能性だってある。そうなれば、私たちはけっしてホモ・ロケンスなどではなく、ホモ・ピクトル（描くヒト）とよばれてしかるべきではないだろうか、とも思われるのである。

ともかくも私たちヒトは、二次元の平面の上になにかを描くという作業を、何万年ものあいだし続けてきた。その営みの意味するところは、いったいなんなのであろうか。絵画を見ることと同時に、ヒトの脳の働きに興味をもっている私にとって、この問いは、幾重にも重なり合って、迫ってくる。まずなによりも始めに、描くという営みの存在意義の問題がある。今日、自然状況下において、描くという営みを実現しているのはヒトだけである。およそこの地上において、ヒト以外のいかなる存在も、描くという行為を自発的に営んできたことはない。なぜヒトだけが自発的に描くようになったのか。これは、ヒトのみが喋ることができる、ということと同じほど不思議であり、かつ重大な意味をもつ問題である。

ヒトが描くことについての第二の問題点は、ヒトは描くべき対象をどのように捉えているか、という問題である。ヒトの脳には、外界の〝見えるもの〟から、数限りない無数の視覚情報が取り込まれるが、これらは脳内に組み込まれた多くの視覚情報処理回路によって解析され、そのデータから〝見えるもの〟の三次元像が組み立てられる。この過程が脳内のどのような場所で、どのように営まれているか、ということが、近年の高次大脳機能研究によって次第にあきらかにされてきた。このような視覚情報処理の過程が、描かれるもののなかで、どのように表現されてきたかということは、たいへんに興味ぶかい問題点である。

また、さらに考えてみれば、見えるものの三次元像を脳内に成立させることを最終目的としている視覚認知という働きに対し、描くということは、見えるものを二次元の平面の上に再現することであり、視覚認知の本来の目的からいえば不完全な認知世界を実現しようという営みである。わざわざそのような不完全な認知世界を実現するにあたって、ヒトはどのような戦略をとってきたのか、それが第三の問題点である。

もうひとつの問題点は、絵画における創造性と独創性の問題である。いいかえるなら、天才といわれるような偉大な画家たちはいったいどのような点で偉大であったのか、という問題である。彼らの偉大さはその脳の働きに由来していることは疑いもないが、脳のどのような働きにおいて、画家の創造性と独創性が保たれているのか、それは絵画における脳の働きを考えるうえにおいて、もっとも重要な問題のひとつであると同時に、もっとも難しい問題でもある。

絵を見るとき、私はいつも、このようなさまざまな問題を考えないわけにはいかなくなってしまう。本書では、そのような問題点に関する私自身の現時点での考え方をのべてみたい。絵画というものを本当に理解し、愛している感性豊かな人びとからは、はなはだ味気ないつまらないものの見方だと軽蔑されるだろうが、描かれた絵画は脳の所産であると考えれば、このようなものの見方も許されるのではないだろうか。

【序章の補遺】

二〇一二年六月一五日発行の科学雑誌“*Science*”に、衝撃的な論文が掲載された。洞窟絵画の描かれた年代が正確に測定できるウラニウム－トリウム年代測定法を用いたパイクらが、スペイン北部のカンタブリア地域に点在する絵画洞窟画のうち最も古いエル・カスティージョ洞窟で発見された図は、四万年以上前に描かれていたことを発表したのである。それどころではない、二〇一八年二月二三日の同誌には、ホフマンらによる、スペイン中部にあるラ・パシエーガ洞窟など三つの洞窟には、六万年以上前に描かれたものがあるという報告が掲載された。

本書の初版を出版した頃には、旧人（ネアンデルタール人）は三万年前まで生存していたと考えられていたが、その後の年代測定法の改良によって、彼らは四万年前には絶滅していたことがわかった。われわれの直接の先祖である新人（ホモ・サピエンス）がスペイン辺りに出現したのは、約四万年程前であったと考えられるので、エル・カスティージョ洞窟の描き手が旧人であったか新人であったかは決定できなかったのであるが、六万年前のラ・パシエーガ洞窟図の描き手は、疑いもなく旧人であったと考えられる。しかし、これらの新人の登場前に、洞窟の壁に描かれたものは、具象絵画ではなく、円盤上の丸い印や、梯子のような図であり、ショーヴェ洞窟に描かれているような写実的な動物の絵ではない。一方、旧人たちは、レーキを使ってボディー・ペインティングをしていたと考えられているが、ボディー・ペインティングをもって絵画とすることには無理がある。スペインのいくつかの洞窟で見つかった円盤や梯子状の図を描いたのが旧人であったとしても、これらの図形はボディー・ペインティングの延長上のものと考えられるのではないだろうか。すなわち、これらを絵画と呼んでよいものかどうかには、疑問が残るのである。

しかし、これらの新発見により、ホモ・ピクトル（Homo pictor）という名称では、旧人と新人を区別することができないかもしれないとの疑問が芽生えてきた。私は、かねてから、絵画のみでなく音楽の起源についても興味を持っていたが、近年の研究によると、新人が描いた洞窟絵画の前では、音楽と踊りが営まれていたと考えられるに至っている。また、新人の遺跡からは、多くの楽器が発見されている。これに対し、旧人たちの世界において音楽が営まれていたという証拠は、これまで発見されていない。このことから、私はホモ・ピクトル・ムジカーリス（Homo pictor musicalis）という名前を、新人に対して与えることにした。もとより、これは、学名などといった科学的な用語とはまったく無縁の、私たち新人に対する渾名のようなものであり、ホモ・サピエンス（Homo sapiens）という自己中心的な学名に対する、ささやかな反抗のつもりである。

第1章　見るということ

1——網膜に写る世界

(1) 目で見るのか脳で見るのか

絵画というものは、描くことと、見ることからなりたっている。画家が描いた絵を鑑賞者が見る、この連関が、絵画というものの社会における営みである。その意味では、描くことの方が先で、見ることはその後に続くように思われる。しかし、描くという作業には、すでに見るという作業が含まれてしまっている。いや、実際に絵筆をとって描くという行為が実現される前に、見るという行為の方が先行しているはずである。画家は、描く前に描く対象を見るのが普通であるし、また自らが描いている最中もカンバスの上に描かれていくものを見ながら描くのが普通である。すなわち、絵画はまず見ることから始まるといえよう。したがって、絵画を実現する脳の働きを論ずる本書でも、まず〝見る〟ことの脳機構について考えることから始めようと思う。

感覚能力のよしあしは感覚器の性能に帰せられてきた。したがって、見ることにすぐれた人は、〝よい目〟を持った人として評価されるのが普通であった。そのような理解の仕方は、〝彼は目にすぎない、しかしそれはなんとすばらしい目だ！〟という、セザンヌがモネを評していった言葉にもっともよく表されている。しかし実際のところ、このセザンヌのコメントは、科学的には、誤解に基づくまったくまちがった表現である。目、すなわち網膜の働きだけでは、ヒトは〝見る〟ことはできない。カメラであれ、眼球であれ、フィルムや網膜は、外界を写し出しているだけであって、脳がこの写し出されたものを見ないことには、なにも見えてはこない。外界のものを見ているのは脳であって、けっして目ではないのである。視覚が受け取るものは光にかんする情報の断片であり、これをつなぎあわせてひとつのまとまった情報に組み立てているのは、われわれの脳の働きによる。見るという営みにおいて、目は視覚情報の入り口にすぎない。したがって、真に科学的にいうならば、セザンヌはモネについて、〝彼は脳の視覚関連領域にすぎない、しかしそれはなんとすばらしい視覚関連領域だ！〟というべきだったのである。

およそ芸術家が芸術家でありうるのは、感覚器の感度の鋭さによるものではない。聴力がよいことが音楽家の条件ではないように、画家にとってもっとも重要なものは、網膜の感度、すなわち視力ではない。聴覚をまったく失ったベートーベンがなお作曲を続けることができたというほどの極端な例は、画家の場合はないにせよ、棟方志功のあの力強い視覚の芸術が、彼の網膜の感度の鋭敏さに由来するものでないことは誰でも知っている。音楽の心理学を研究したシーショアは、聴力と音楽能力とについてつぎのような興味ぶかい逸話を残している。彼が行っている実験を娘と一緒に見にきたある著明な現役のプリマ・ドンナが、彼の実験室で聴力テストを受けたところ、彼女の聴力は一二〇〇〇ヘルツ以上ではほとんどゼロであることがわかったのに、同行していた音楽とは縁のない娘の方は二〇〇〇〇ヘルツまでらくに聴くことができたため、大変なショックを受けたというのである。しかし、このショックは、感覚と感性との混同からくるショックであるといえよう。〝よい耳〟あるいは〝よい目〟という言葉は、たんにこれらの感覚受容器の感度がよいということを表すだけではなく、感覚情報からの入力を受ける脳の側の情報処理能力をも含めた表現であると考えるべきなのである。音楽にせよ絵画にせよ、およそ感性が関与してくる場においては、感覚器の感度よりは、感覚器からくる感覚情報を脳がいかに処理しているかということの方が、より重要な問題である。絵画の世界において、絵を見ているのは脳であり、目ではない。目というものは、節穴というほど極端な表現は控えるとしても、網膜上に受動的に外界を写し出しているにすぎず、外界を見てはいないといえるのである。

(2) 網膜は世界をどう見ているか

それにしても、〝見る〟ことが目から始まることは事実であり、網膜を無視して見ることを論ずることもできない。厚さ約〇・二ミリメートルほどしかない網膜には光刺激を受容するための二種類の視細胞がある。それらの細胞は、紡錘形をした細胞の一方の極から突出した光受容器の形態的な特徴に従って、桿体と錐体の二つにわけられる。桿体の光受容器は棍棒状の形

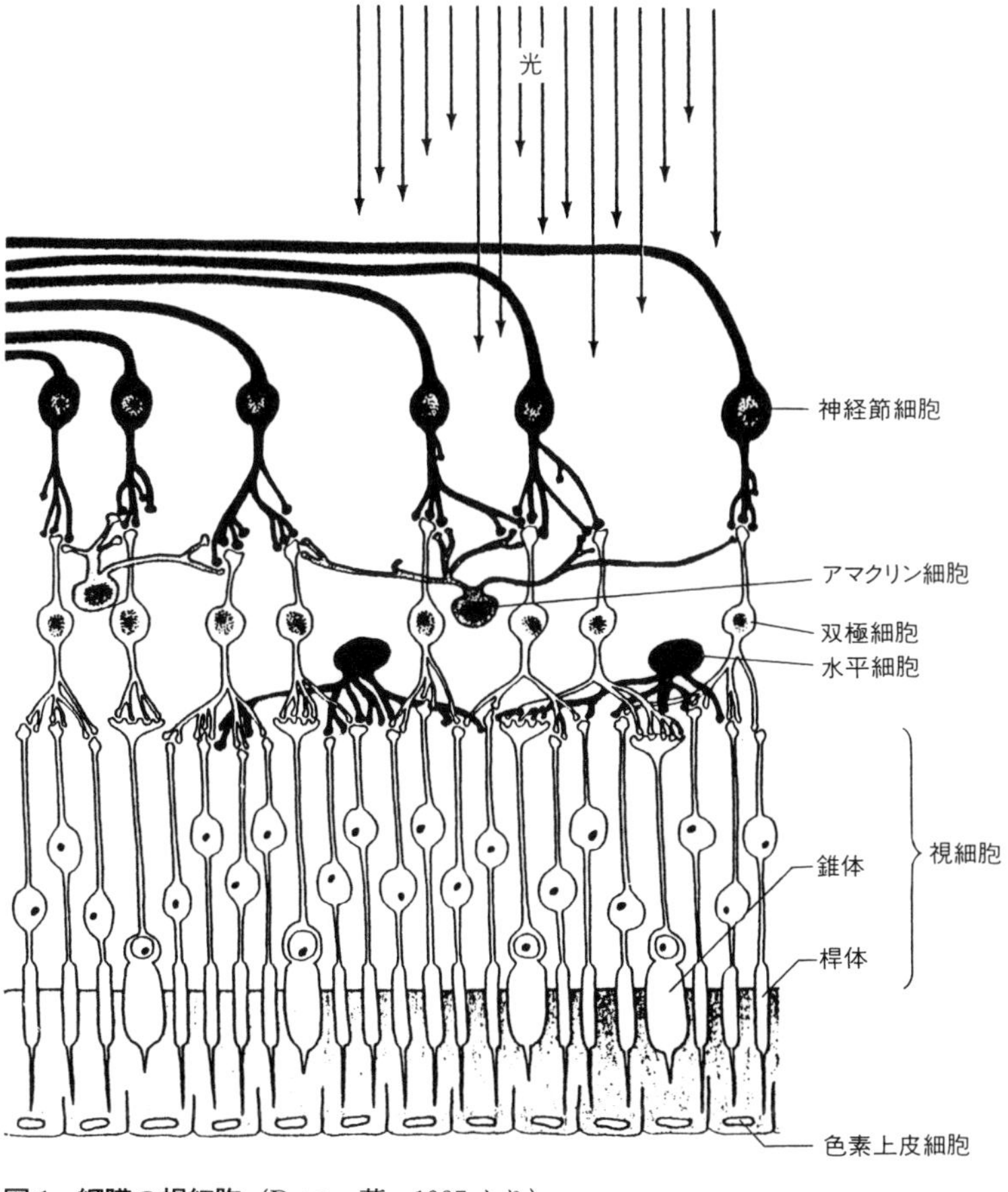

図 1　網膜の視細胞（D. マー著，1987 より）

視細胞層から神経節細胞層までのあいだの隙間はミュラー細胞によって埋めつくされているが，便宜上ミュラー細胞は描かれていない。

をし、錐体の光受容器は文字どおり円錐型をしている。これらの視細胞は、それぞれの光受容器を網膜の外側に向け、最外層の色素上皮細胞と網膜の内側から外側まで達する細長いミュラー細胞というグリア細胞の支柱に挟まれて、網膜上を埋めつくし、一層をなして並んでいる（図1）。おのおのの視細胞の細胞体の光受容器と反対側の極からは、軸索にあたる細胞突起が出て網膜の内側に向かい、内側に並んでいる双極細胞の樹状突起に連なる。双極細胞の軸索は、もうひとつ内側に並ぶ神経節細胞に連結し、神経節細胞からでた軸索が、網膜の内側の表面を走って一カ所に集合し、視神経を形成する。この視神経が、網膜で受け取った情報を脳に送り込んでいるのである。網膜には、このように直列に結合している視細胞、双極細胞、神経節細胞以外に、これらの細胞を網膜面と平行方向に連絡して並列結合を実現している水平細胞とアマクリン細胞がある。この二種類の細胞は、神経細胞でありながら軸索をもたず、他の細胞と接している突起はすべて樹状突起、というとんでもない特徴をもつ細胞である。これらの直列あるいは並列に並ぶ細胞が重なりあい、またそれらの細胞突起も層を形成しているため、網膜は一〇層からなる層構造を有する。面白いことに光受容器はそのいちばん深層、すなわち網膜のもっとも入射光から遠い側に位置している。したがって、外界からくる光は、ほかのすべての細胞やその突起が形作る多くの層を通過してから、光受容器に受容されることになるのである。

網膜で外界がどのように写し出されるかを理解するためには、まず、視細胞である桿体と錐体の働きをしる必要がある。まず、桿体は光量の少ないところ、すなわち暗いところで活動し、錐体は明るいところで活動する。光に対する桿体の感度はきわめて高く、単一の桿体は、光の最小単位数であるわずか一光量子が吸収されただけでこれに応答することがしられている。すなわち、桿体はきわめて光量の少ないところでも活動できるため、暗い所で働くことができる。しかし、桿体は光の波長に対しては感度がすべて同じであるため、異なった波長の光を識別することはできず、したがって色覚を生じることができない。錐体は光の波長によって、異なった吸収感度を示す三種類のものがある。すなわち、青に対応する四五〇ナノメートル(一ナノメートル=一〇〇万分の一ミリメートル)の波長でもっとも感度の高いものと、緑に対応する五四〇ナノメートルで感度がもっともよいもの、そして赤に対応する五七五ナノメートルでもっともよく反応するものの三種類である。このため、錐体は色覚を生じることができる。

桿体と錐体とで異なるもうひとつの大きな特徴は、網膜上におけるその分布である。ものをじっと注視しているとき、視野の中心は、中心窩《か》とよばれる網膜の中心部に対応するようになるが、色覚を生じることのできる錐体はこの網膜中心部に密集しており、中心窩から視角にして四度以上離れた網膜上では、きわめて数が少なくなってしまう。これに対し、色覚を生じることができないが、光に対する感度がよい桿体は、視野の中心部にはほとんどなく、錐体がまばらになる視角にして一〇度あたりから密度が増えて、中心窩から視角にして二〇度ほどはなれた領域で密度が最大となる。視角にして五〇―六〇度離れると、桿体の密度も急激に減少する（図2）。これらのことから、ヒトの網膜についての重要な特性がわかる。すなわち、中心窩から視角にしてだいたい四度の広がりをもつ視野の中心部では色覚が生じるが、それより周辺部の視野では色覚は生じず、明暗を識別するのみであること、および視野の中心部は明所で作動し、周辺部は暗所で作動することが理解できる。

(3) 網膜の光感度

ここで視力について考えてみよう。視力とは、視覚情報の空間解像力、すなわち、横に並ん

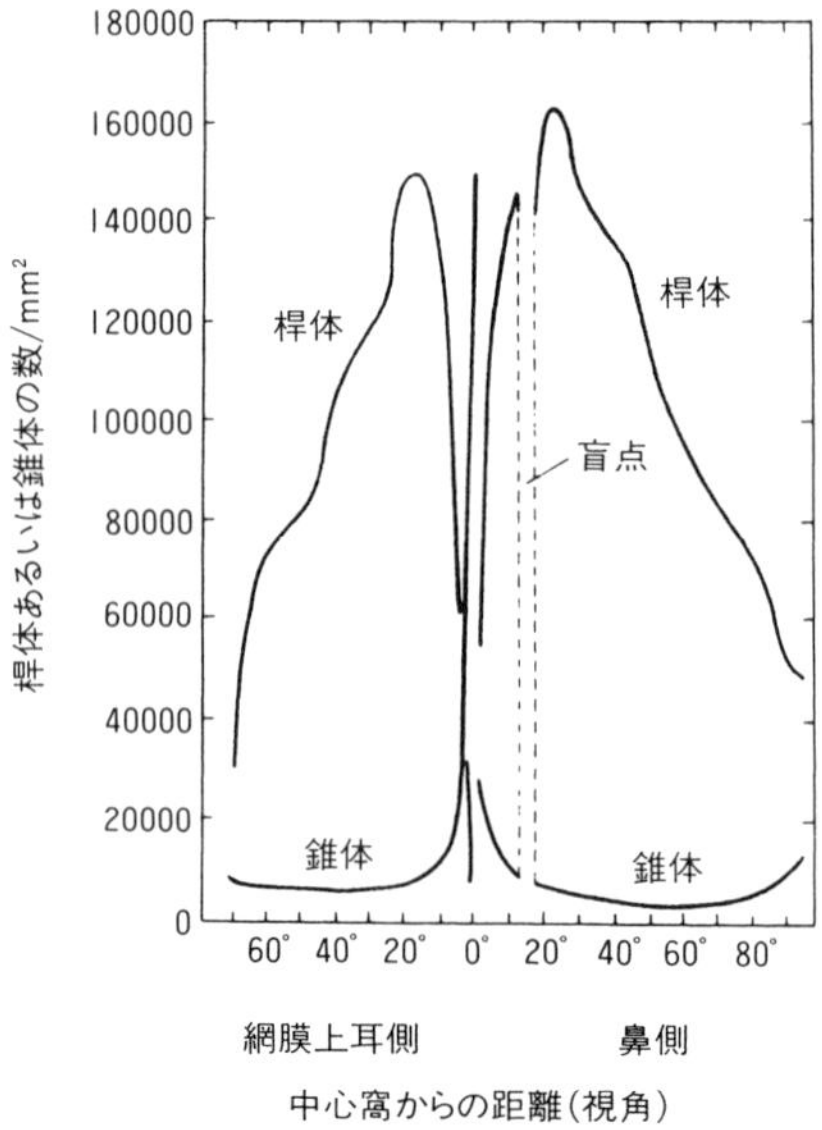

図2　網膜上における桿体と錐体の密度分布（池田光男，1988より）

だ二つの異なった点光源が二つであることを識別できるためには、最小限どれだけ離れていなければならないかを表したものである。通常は、識別可能な限界距離だけ離れている二つの点光源を見込む角度（視角）を分で測定したものの逆数をもって視力としている。たとえば、視力一・〇の場合だと、識別可能な視角の最小値は一分（〇・〇一七度）となり、視力二・〇の場合だと、〇・五分（〇・〇〇八度）となる。ここでヒトの眼球の大きさを考えてみると、眼球におけるレンズ（水晶体）の結節点から網膜までの距離、すなわち焦点距離は、おおよそ一七ミリメートルほどである。したがって、視角一分だと、網膜上の距離は約一〇ミクロンとなり、視角〇・五分は約五ミクロンに対応する（図3）。いいかえると、視力二・〇ということは、網膜上で五ミクロン離れた場所に到達した光は、異なった情報として受容されているということを意味している。

視力を決定しているもっとも重要な要因のひとつは、網膜における神経節細胞の受容野の広さである。光受容器をもつ視細胞である錐体と桿体は、最終的には網膜からの出力細胞である神経節細胞に情報を送っている。個々の視細胞の大きさや光感受性は、視細胞の種類によってほとんど同じであるが、一個の神経節細胞は複数の視細胞からの情報を受け取っているので、出力情報の空間解像力は、（視細胞／神経節細胞）の比によって定まってくる。この比が大きければ、網膜上の広い範囲に分布する視細胞の情報が、すべて一個の神経節細胞の情報として集約されてしまい、空間解像力は低くなるが、たとえばこの比が一であれば、隣り合う視細胞も

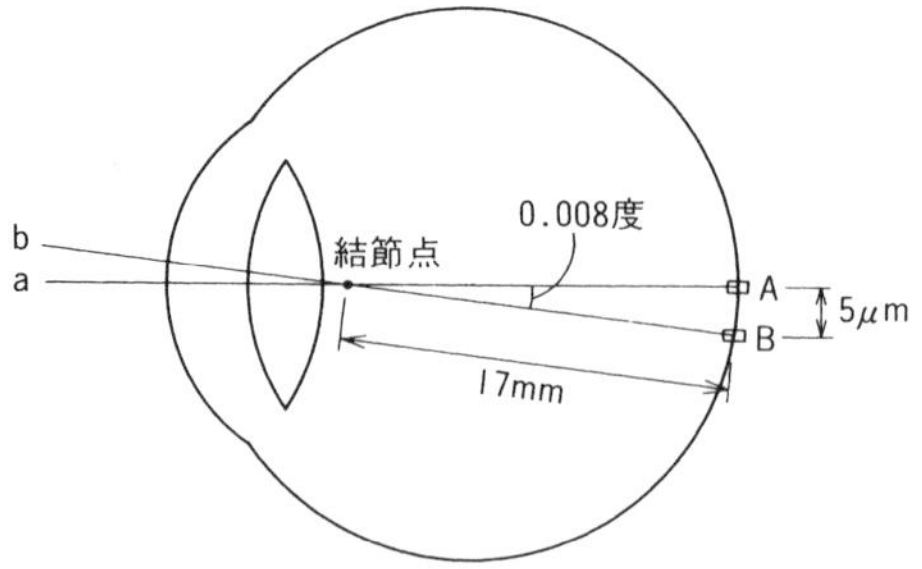

図3　視力2.0とはどういうことか

視力2.0ということは，視覚0.008度の2点（a, b）が見分けられるということであり，網膜上で5ミクロン離れた位置にある2つの視細胞（A, B）に受容された光情報は独立した情報であるということになる。

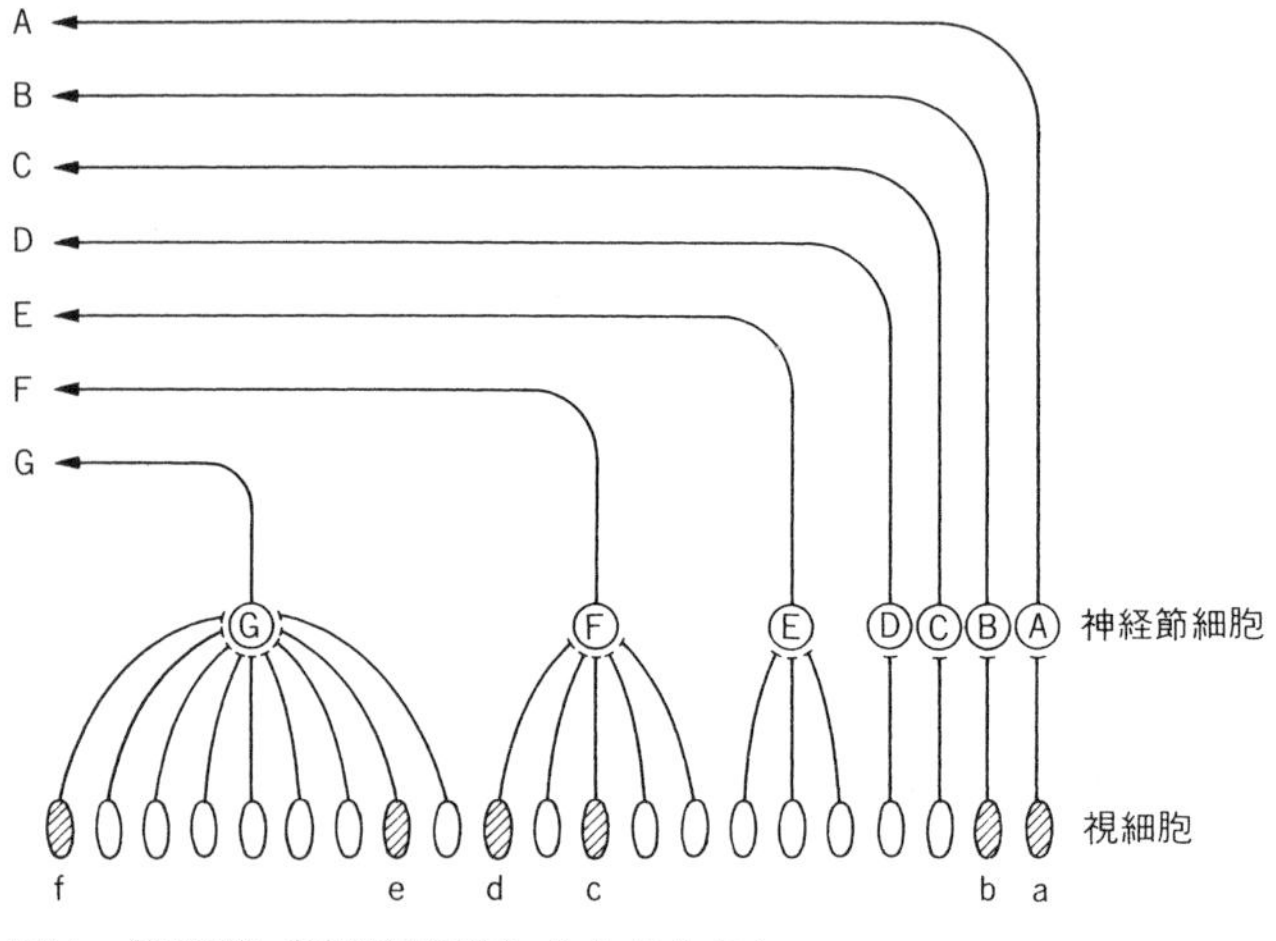

図4　（視細胞／神経節細胞）比とはなにか

A～Dの神経節細胞では（視細胞／神経節細胞）比が1であるが，Eでは3，Fでは5，Gでは9になる。したがって，視細胞aとbからの情報は独立した情報として識別されるが，cとd，eとfからの情報入力は同じ出力情報となってしまい識別されない。

異なった出力情報となるため、空間解像力が高くなる（図4）。ヒトの網膜における視細胞の数は、桿体は一億二〇〇〇万個、錐体は六〇〇万個、合計一億二六〇〇万個といわれるが、神経節細胞の数は一二〇万個程度しかない。すなわち（視細胞／神経節細胞）比は、平均一〇〇程度である。一個の視細胞の網膜上の広がりは、直径一ミクロン（一〇〇〇分の一ミリメートル）程度であるので、一〇〇個の視細胞が円形をなして密に敷きつめられていたとしても、その網膜領域は直径約一〇ミクロン程度になってしまい、個々の神経節細胞は直径一〇ミクロンの円形領域からの情報の加算されたものを受けとっていることになる。実際には隣り合った視細胞と視細胞とのあいだにはミュラー細胞というものがあるので、おそらくはこの倍以上、すなわち直径二〇ミクロン以上にものぼるはるかに広い領域からの情報が、たったひとつの出力となってしまうことになる。しかし、この（視細胞／神経節細胞）比は、網膜上の部位によって大きく異なっている。中心窩では、この比はほとんど一であるが、網膜周辺部では数百をこえる。すなわち、視力は、中心窩が最高であり、周辺部の視力はきわめて悪いということになる。一般に視力といわれているものは、この中心窩の視力のことであり、たとえその値が一・〇であったとしても、周辺部の視力は〇・一にも満たないほど低くなってしまう。しかしこの反面、中心窩付近の神経節細胞では少数の視細胞入力しか得られないために、光入力に対する感度は低く、明るい場所でしか働くことができないが、網膜周辺部の神経節細胞には、きわめて多数の桿体からの入力があるため、感度が上がり暗い場所で作動しやすくなる。実際の測定では、周辺部では数個の桿体が同時に作動すれば光覚が生じる。先にのべたように、単一の桿体は一光量子で反応するため、ヒトの周辺部網膜は、わずか数光量子を感知できるということになり、驚くべき感度であるといえる。桿体そのものが元来暗い場所で働きやすい性質をもつのに加え、このような細胞結合があるため、その特性がさらに生かされているのである。

実際の神経節細胞の働きは、これほど単純ではない。視細胞と神経節細胞とのあいだにある双極細胞や、水平細胞、アマクリン細胞などが形成する複雑なネットワークのために、中心窩においてでさえ、ひとつの視細胞は複数の神経節細胞に情報を送っているし、ひとつの神経節細胞は複数の視細胞から入力を受けている。したがって、（視細胞／神経節細胞）比だけで視力を論ずることはできない。このような複雑な線維結合をこまかく分析することは困難なため、受容野という概念を用いて網膜上の視細胞と神経節細胞との結合様式を単純化して考えることができる。図5は受容野の概念を模式的に示したものである。神経節細胞G１は、視細胞P１からP６までの入力を受けるので、その受容野はP１からP６までの広がりとなり、神経節細胞G２の受容野はP２からP７までの広がりとなる。すなわち、図5の場合（視細胞／神経節細胞）比は三分の八＝二・七であるが、G１とG２の受容野は六個の視細胞の占める領域に対応している。

網膜上でこのような神経節細胞の受容野を調べていくと、受容野の中心部に光刺激を与えると反応する神経節細胞と、逆に中心部に光を与えているあいだは活動が停止し、光が消えると

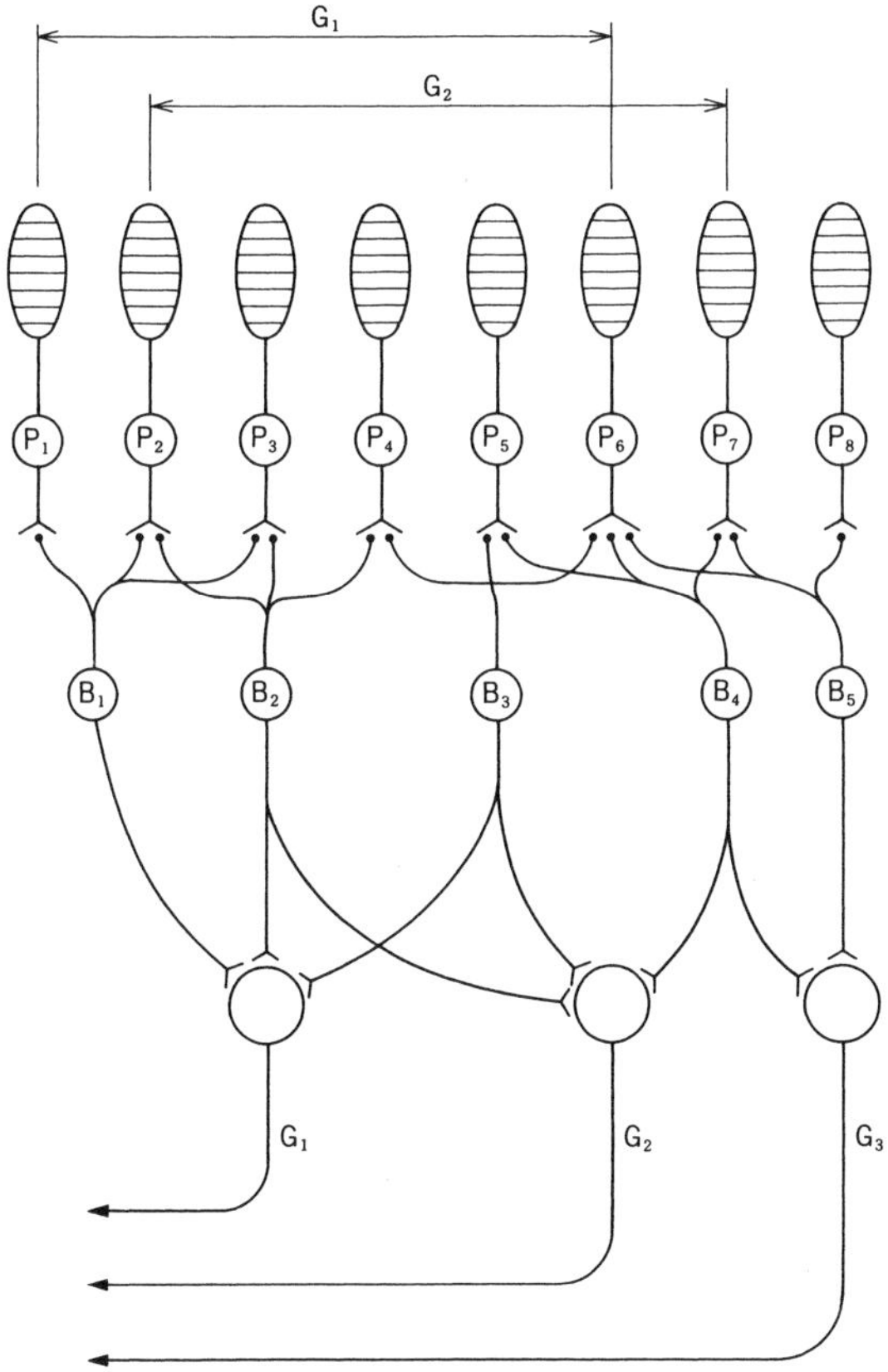

図 5　受容野の概念

P_1〜P_8：視細胞，B_1〜B_5：双極細胞，G_1〜G_3：神経節細胞

神経節細胞 G_1 は P_1 から P_6 までの入力を受けるのに対し，G_2 は P_2 から P_7 までの入力を受ける。したがって G_1 の受容野は P_1〜P_6 の範囲であり，G_2 の受容野は P_2〜P_7 の範囲である。

反応する神経節細胞とのあることがわかる。前者はオン中心型細胞とよばれ、後者はオフ中心型細胞とよばれる。これらの細胞の受容野をもっと詳細に調べると、オン中心型細胞は、受容野の周辺部に光があたっているあいだは逆に発射を停止し、周辺部の光刺激が消えると活動するが、オフ中心型細胞では、受容野の周辺部に光が与えられると反応する。すなわち、神経節細胞では、受容野の中心部と周辺部とで、光入力に対する反応性がちょうど正反対になっていることになる（図6）。このように、中心部と周辺部とで反応性が反対になるのは、視細胞入力と神経節細胞とのあいだにある、水平細胞やアマクリン細胞のような、網膜面に対して平行な方向に細胞突起を拡げる細胞の働きによると考えられる。これらの細胞は、側方抑制といって、これに接する双極細胞や神経節細胞の活動を抑制する。模式的に考えると、ある視細胞に光があたって反応した場合、その信号を受けた水平細胞は周囲の双極細胞を抑制するため、抑制された双極細胞に信号を送っている視細胞入力は伝えられ難くなる。そこでもし、隣り合う二つの視細胞がお互いに側方抑制をかけ合うとすると、光入力の少ない視細胞からの側方抑制は、入力の多い視細胞からの側方抑制より小さいため、二つの視細胞入力を受けた細胞の出力の大きさの差は、入力の大きさの差よりはるかに大きくなり、明暗のコントラストが強められる。このような視細胞系の側方抑制のシステムを円形に拡げると、出力系はオン中心型細胞やオフ中心型細胞のような受容野を有することになるわけである。

これらのことを総合して、網膜はいったい外界をどのように見ているかを考えてみよう。先

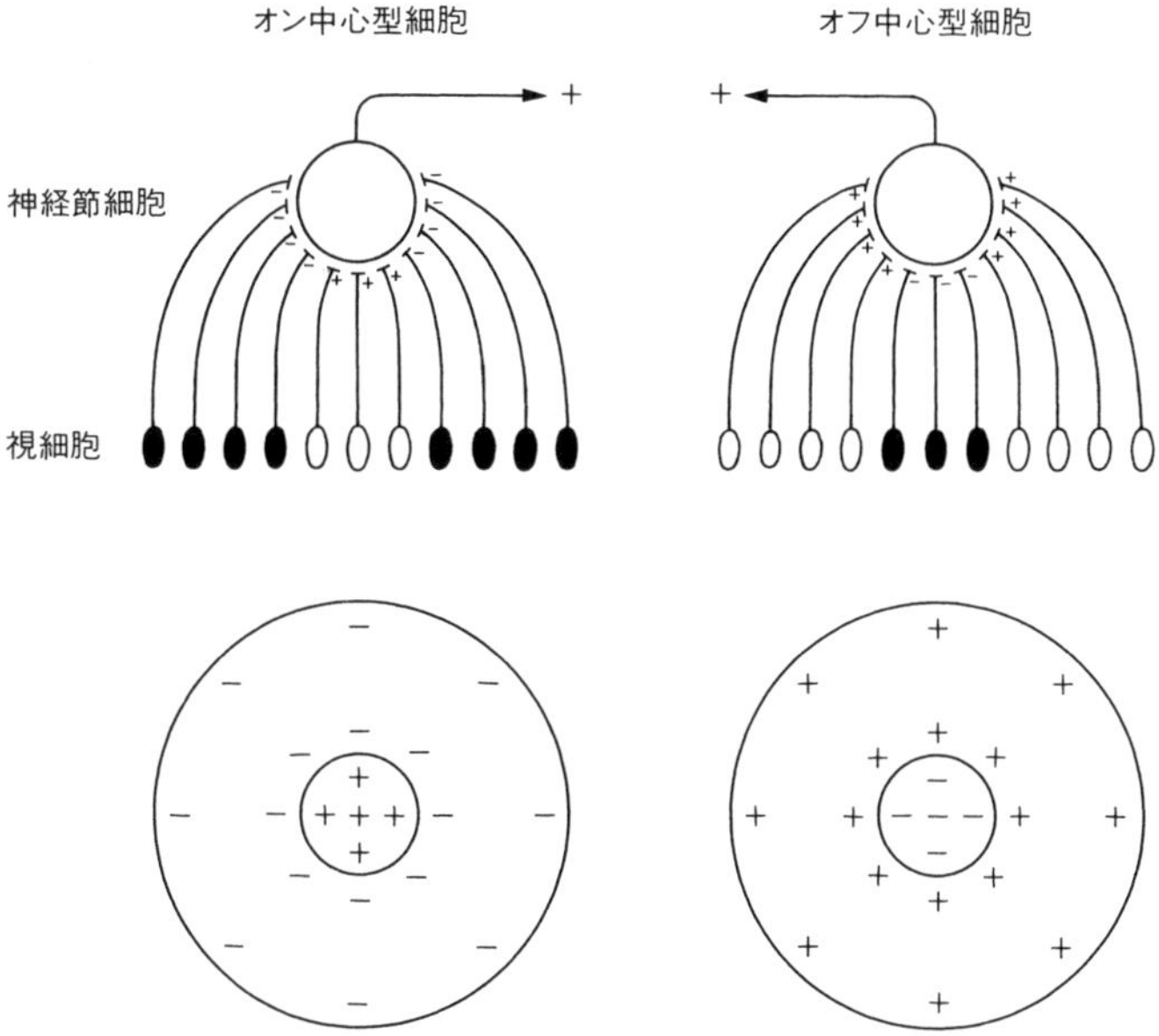

下段は網膜上の受容野における光入力の状態。光のあたっている部分を＋，あたっていない部分を－で示してある。

図 6　オン中心型細胞とオフ中心型細胞

光入力を受けた視細胞を白，光入力を受けていない視細胞を黒で示す。オン中心型細胞は左のような条件の場合にもっともよく活動し，オフ中心型細胞は右のような条件の場合にもっともよく活動する。

図7　レンブラント：サスキア

この画面は網膜の生理学的特性に忠実に従っている。

述のごとく、網膜の中心窩では、見えるものは細部まで明瞭に見え、色もあるが、周辺部では色彩がなく、視力が悪いのでこまかいところまでは見えない、しかも、中心窩の領域は明所で作動し、周辺部は暗所で働く。のちにくわしくのべるように、このような網膜に映る外界そのままの絵画が存在する。その典型は、レンブラントの描いたものである。彼の絵画（図7）においては、キャンバスの中央部と周辺部は、あたかも網膜の中心窩と周辺部のように描き分けられている。キャンバスの中央部は光を受けて明るく、色彩に富み、かつ細部までよく見えるように描かれているが、周辺部は暗く、色彩はなくなり、そしておぼろげな形態しか見ることができないように描かれている。彼の絵画は、網膜の特性に忠実に従っているのである。

2―大脳皮質に写る世界

(1) 脳における視覚情報処理の全体プラン

網膜はレンブラントの絵画のように外界を写し撮るが、私たちはけっしてそのように外界を見てはいない。外界にはどこにも色彩が満ち、明るさもそう極端には違わず、どこも明瞭に見ることができる。このように見えるのは、網膜から送られてくる外界の写像を脳が解釈して見ているからである。網膜から脳に送られてくるのは、個々の神経節細胞から生み出される信号だけであるが、この信号のなかにはいくつかの異なった情報が含まれている。まず最初に、脳は、受け取った信号が、網膜上のどの位置にある神経節細胞からきた信号であるかを正確にしることができる。これによって視野のどの位置に見えるものかということが判明する。第二に、その神経節細胞が受容した光量が信号の強さとして脳に伝えられる。第三に、最適吸収波長の異なる三種類の錐体のうちのそれぞれをとおして受け取ったエネルギー量、すなわち色彩についての情報が脳に伝えられる。これだけの資料から、脳は外界を〝見る〟のである。

外界を〝見る〟脳の領域は、視覚関連領域とよばれている大脳皮質領域であり、階層的に区分されるいくつかの下位皮質領域に分けられている。そのなかでもっとも下位の階層にあるの

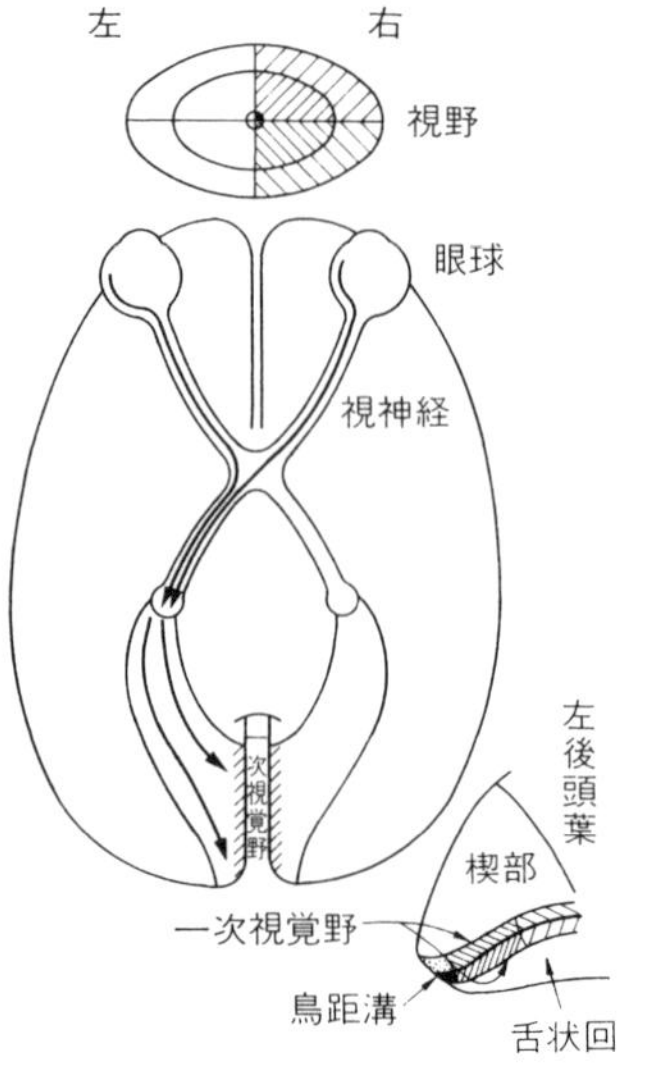

図8　一次視覚野の網膜部位局在と視覚伝導路

視野の右半分からの視覚情報は左右の眼球から左半球の一次視覚野に入る。一次視覚野と視野には位置の対応がある。

は一次視覚野である。ここは、神経節細胞からの出力を途中で受け継いだ外側膝状体《しつじょうたい》の神経細胞からの軸索がまずたどりつく皮質領域であり、ヒトの大脳皮質を、その構造に基づいてこまかく区域分けし、それぞれの区域に番号づけを行ったブロードマンの脳地図では、一七野にあたる。ヒトにおいては、この領域はほとんど後頭葉内側面に埋もれており、最後端部以外は外側からは見えない。一次視覚野では、ここに到達する視覚情報を発信した神経節細胞の網膜上の位置が、整然と再現されている（図8）。一次視覚野は、鳥距溝《ちょうきょこう》という脳溝を上下から挟むようにして拡がっており、網膜の上半分は鳥距溝より上側、すなわち楔部《きつぶ》の一次視覚野に、網膜の下半分は鳥距溝より下側、すなわち舌状回《ぜつじょうかい》の一次視覚野に対応している。また、網膜中心窩は一次視覚野の最後端に、網膜周辺部はその前方部にそれぞれ対応している。左右の眼球の神経節細胞から出た軸索は、途中でその半分が交差し、それぞれの眼球網膜の右半分からでている軸索は右半球側の一次視覚野へ、左半分からでている軸索は左側の一次視覚野へと達するようになっているために、左右各半球の一次視覚野は、図8に示すように、それぞれ左右の視野に対応している。このような仕組みによって、網膜から一次視覚野へと視覚情報が送られていくあいだに、光入力の網膜上の位置情報は、視野内の位置情報に変換されることとなる。

この一次視覚野の周りを帯状に取り囲むようにして、視覚連合野とよばれる皮質領域がある。ブロードマンの脳地図上では一八野と一九野に分けられているこれらの皮質領域は、一次視覚野から入力を得て、視覚情報処理の主役を演ずる領域である。ここでヒトの脳における鳥距溝をジッパーのように開いて後頭葉内側面を上下に分け、その部分を、大脳半球の外側に反転し

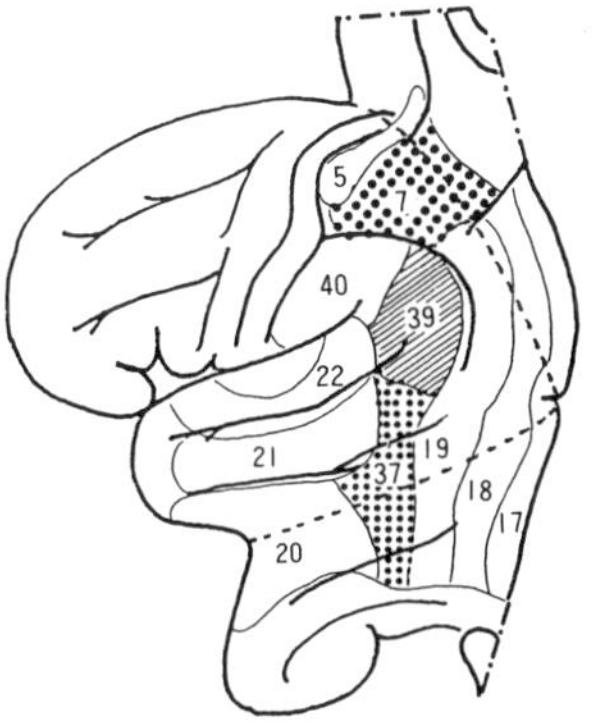

図9　視覚領域の反転図

数字はブロードマンの脳地図上の皮質領域番号を示す。

てみよう（図9）。そうすると、一次視覚野と視覚連合野は平行する三本の帯のような皮質領域として、前後に並んでいることがわかる。そして、この視覚連合野の前方に、いくつかの皮質領域がやはり上下に並んでいる。視覚連合野のさらに前方に並ぶ皮質領域は、高次視覚連合野とよびうる皮質領域であり、視覚連合野からの入力を受けるとともに、そのほかの感覚の情報やその記憶からの入力も受け、また運動、言語などといったさまざまな機能を実現している皮質領域とも結合を有している。ブロードマンの脳地図によれば、七野、三九野、三七野がこのような高次視覚連合野にあたる。

(2) 一次視覚野の働き

視覚領域の働きについては、実験動物、とくに、視覚認知能力に優れたマカクザルを用いた生理学研究が数多くなされ、その仕組みが解明されてきた。それによると、一次視覚野では、三つの異なった機能単位が並列して存在することがわかっている。

そのうちのひとつはコラムとよばれる機能単位で、文字どおり大脳皮質の表面に対して垂直方向に並ぶたくさんの神経細胞がひとつのグループとなって特定の機能を営んでいるものである。皮質の活動状態を観察する方法のひとつに、デオキシグルコース法というものがある。放射性フッ素でラベルしたデオキシグルコースを動物に注射すると、グルコースと同じように神経細胞内に取り込まれるが、グルコースと違って細胞内でそれ以上の代謝を受けないために、

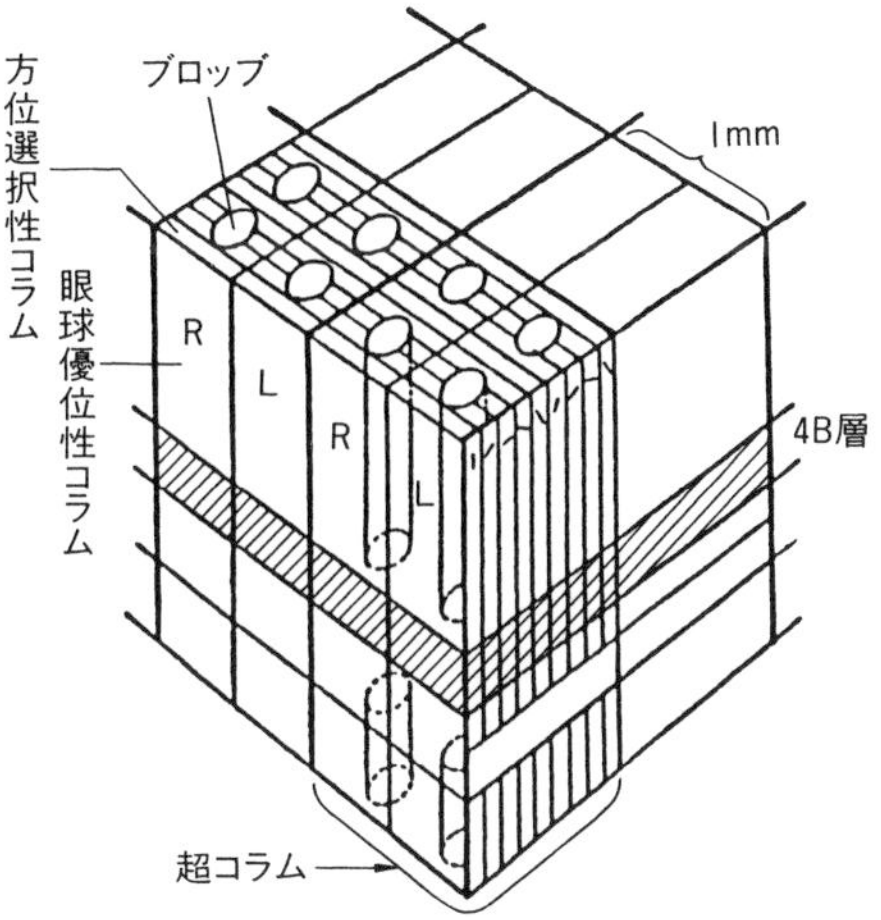

図10　一次視覚野の立体構造

RとLはそれぞれ右眼，左眼の眼球優位性コラムであり，このなかに先端部に示した傾きの線分に特異的に反応するシート状の方位選択性コラムがある。両眼の全方向の方位選択性コラムが集まった超コラムのなかに円柱状のブロッブがあり，これらを横切るようにして4B層が存在する。

細胞内にそのまま残ってしまい、そこで放射能を出す。活動のさかんな神経細胞ほど、グルコースでもデオキシグルコースでも、たくさん取り込むため、放射活性の高いところほど活動がさかんであったということがわかる。この方法を用いて、片目を遮蔽した状態でのマカクザルの一次視覚野の活動状態を観察すると、活動のさかんな皮質領域と、活動していなかった領域とが、交互に幅約〇・五ミリメートルの縞模様をなして並んでいるのがわかった（図10）。これは、遮蔽した方の眼球からは入力がないので、それを受ける皮質領域の活動が低下しているためと考えられる。したがって、一次視覚野では、左右の眼球から入ってくる情報は別々の領域に到達しているということになる。したがって、これらの幅〇・五ミリメートルの縞模様は、眼球優位性コラムとよばれるようになった。眼球優位性コラムは一次視覚野全体にわたって存在しているので、一次視覚野には、視野内の位置情報とともに、どちらの眼球からきた情報であるかということも同時に表現されているわけである。

この眼球優位性コラムの縞模様のなかに、方位選択性コラムとよばれるもっと小さな機能単位が存在する。マカクザルの一次視覚野では、これは幅約〇・〇五ミリメートルほどの、柱状というよりはむしろシート状の構造であり、ひとつひとつの方位選択性コラムには数百個の神経細胞が含まれている。ひとつひとつの方位選択性コラム内の神経細胞は、特定の傾きをもつスリット状の光刺激を網膜に与えたときのみに特異的に反応するため、このように名づけられた。もっともよく反応する傾きは、コラムごとに順番に一〇度ずつ異なっており、たくさんのコラムからの出力を寄せ集めると、目に見えるあらゆる線分の傾きを表現することができるようになる。約一ミリメートルの幅の一次視覚野皮質のなかに、一八〇度全方位を網羅する一セットの方位選択性コラムが存在し、そしてこの一セットの方位選択性コラムは、幅〇・五ミリメートルのひとつの眼球優位性コラムをなしているので、隣り合う左右の眼球優位性コラムを併せた縦・横一ミリメートルの円柱構造のなかに、視野内の特定の点における両眼からのあらゆる方位の線分が表現されていることとなる。このような方位選択性コラムの働きが集合することにより、視野内のさまざまな点において見えるものの輪郭が断片的に知覚され、形の認識に必要な情報が抽出されていると考えられる。これらの一連の事実の発見によりノーベル医学・生理学賞を受賞したヒューベルとウィゼルは、この縦・横一ミリメートルの円柱構造を超コラムとよんでいる。

三つの機能単位のうちの第二のものはブロッブとよばれるものである。神経細胞のエネルギー代謝活性を観察する方法のひとつに、チトクローム酸化酵素染色というものがある。この酵素は細胞内のエネルギー産生装置であるミトコンドリアに含まれる酵素であり、神経細胞の活動レベルの高いものほどこの酵素活性が高い。この染色法を用いて一次視覚野を調べてみると、チトクローム酸化酵素活性の高い神経細胞が集団をなしてかたまっていることがわかった。この集団は、皮質表面からみるとほぼ規則的な間隔で隔てられた〝しみ(ブロッブ)〟のような構造として見えるため、ブロッブとよばれた。ブロッブは、コラムのあいだに埋まって存在しており、主として網膜の錐体細胞からの入力を受けている。すなわちここに存在する神経細胞は、特定の波長の光入力に反応するのであり、ブロッブは色の識別に必要な情報を受ける場所であるといえる。ブロッブとブロッブのあいだに拡がるチトクローム酸化酵素活性の低い領域は、ブロッブ間領域とよばれ、色にかんする情報の入力はない。

一次視覚野では、コラムとブロッブのほかに、4B層といって見えるものの動きだけをとらえていると考えられる神経細胞が層をなしている領域のあることがしられている。これが第三の機能単位である。網膜と一次視覚野とのあいだの中継点となっている外側膝状体には、大型の大細胞と、小型の小細胞がそれぞれ複数の層をなして存在するが、大細胞は色刺激には反応せず、見えるものの動きのみに反応する。4B層の神経細胞は、この外側膝状体大細胞からの入力のみを受けているために、見えるものの動きに反応すると考えられる。

このように、一次視覚野では、コラム、ブロッブ、そして4B層という三種類の機能単位があり、網膜由来の視覚情報のうち、見えるものの輪郭、色、ものの動きを認知するために必要な情報が、それぞれ異なった独立の機能単位によって並行して解読されている。すなわち、一種の分業体制がとられているのである。このような分業体制によって独立した情報処理系のひとつひとつはモジュールとよばれ、複数のモジュールからなりたっているような情報処理系の構造はモジュール構造とよばれている。すなわち、第一次視覚野にはあきらかなモジュール構造が存在する。

(3) 視覚受容の分業体制

先にのべたように、一次視覚野をとりまく後頭葉には、視覚連合野とよばれる皮質領域が拡がっている。ヒトの視覚連合野は一八野と一九野とに分けられているが、視覚情報処理の神経機構がこまかく調べられたマカクザルの脳においては、一次視覚野と視覚連合野を、V1野〜V5野の五つの皮質領野に分けている（図11）。これによれば、V1野が一次視覚野にあた

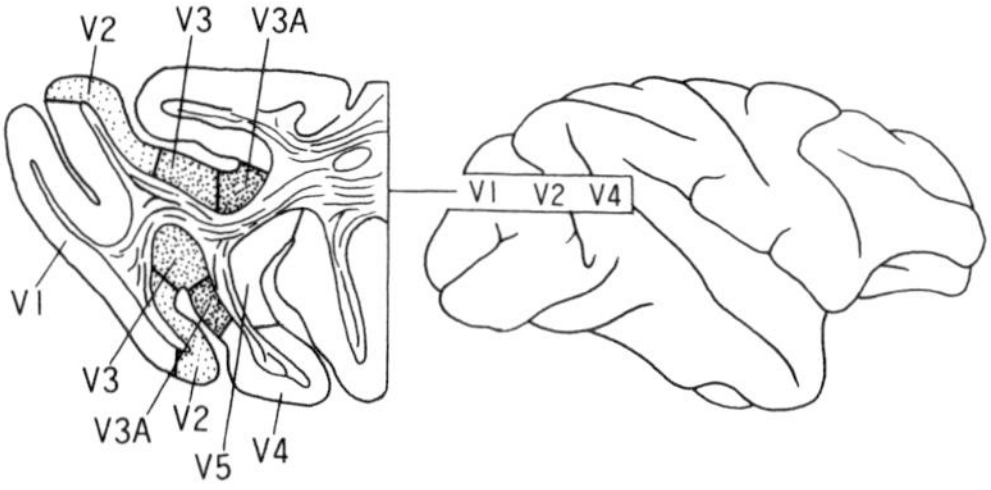

図 11　マカクザルの視覚連合野

Ｖ２野〜Ｖ５野の４つに分けられる，右図に示したレベルの断面が左の図である。Ｖ１野は一次視覚野にあたる。(S. ゼキ，1993 より)

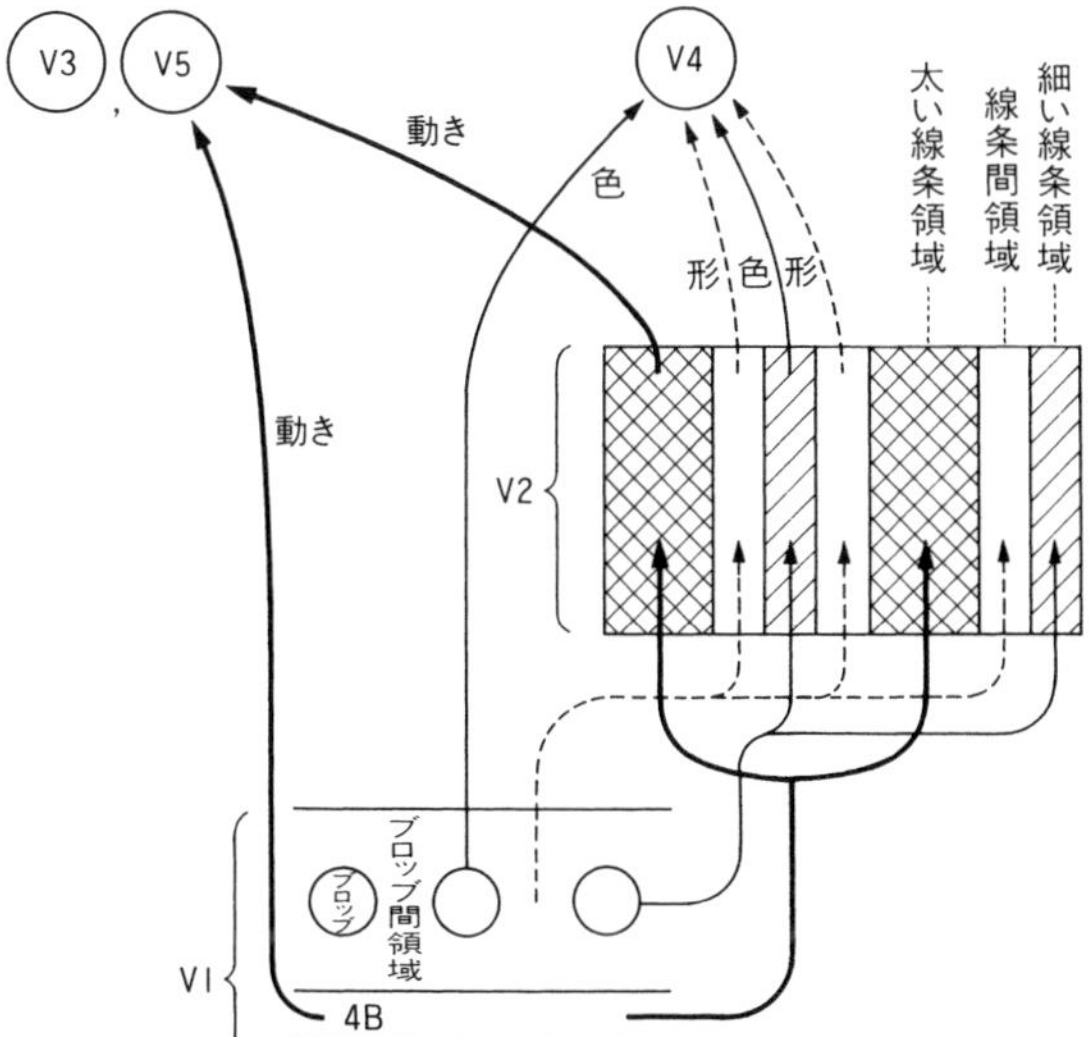

図 12　視覚野と視覚連合野のモジュール構造

Ｖ１野とＶ２野は縦断面を示す。形（点線），動き（太線），色（細線）の情報処理は，それぞれ独立した構造によって営まれている。

り、V2野、V3野、V4野、V5野の四つの領野が視覚連合野にあたる。

V2野は、チトクローム酸化酵素染色によって、太い線条領域、細い線条領域、線条間領域の三つの領域に分けられる（図12）。これら三つの領域のそれぞれは、V1野、すなわち一次視覚野の三つの構造に対応しており、太い線条領域は4B層と、細い線条領域はブロッブと、線条間領域はブロッブとブロッブのあいだのコラム、すなわちブロッブ間領域に対応している。したがって、V2野のなかにも分業体制があり、モジュール構造があることになる。

これに対し、V3野、V4野、V5野は、それぞれが特定のモジュールに対応した情報処理を行っている。V3野とV5野は、V2野の太い線条領域と一次視覚野の4B層から入力を受け、それぞれ動く形の識別と、見えるものの運動を検出し、V4野は、V2野の細い線条領域と一次視覚野のブロッブから入力を受け、色彩の認知にかかわっている。V4野にはまた、一次視覚野のブロッブ間領域とV2野の線条間領域を介する入力があり、色の弁別に輪郭の知覚を伴った色を伴う形の認知に与っている。

このようなモジュール構造に加えて、視覚連合野には機能的な階層性がある。たとえば、波長選択性入力、すなわち色情報を受け取っていても、一次視覚野のブロッブやV2野の細い線条領域の神経細胞は、入力光の波長そのものに選択的に反応し、V4野の神経細胞は色そのものに反応する。色の認知というものが、入力情報の波長に対する選択性で定まるものではないということを示したのはランドである。彼の提唱したレティネックス理論によれば、色彩認知は見えるものに由来する反射光の波長によって定まるものではない。さまざまな色からなる図形に、たとえば波長七〇〇ナノメーターの赤色の単色光を当てると、反射光の波長はすべて一様に七〇〇ナノメーターのはずであり、赤色が認識されてよいにもかかわらず、実際には全体が薄赤い明暗模様に見えるだけで、あざやかな赤い色は見えてこない。しかし、この図形に緑と青の単色光を加えて当てると、すべての色彩があざやかに識別できるようになる。したがって、色彩の認知は、反射光の波長に依存しているのではなく、赤、緑、青の光の反射率の違いを計算することによってなされている、というのがランドのレティネックス理論である。マカクザルを用いたゼキらの実験によると、V４野の神経細胞は、単色光の反射入力では反応せず、赤、緑、青の三種類の単色光の反射入力を与えた場合にのみ、特定の色に反応した。これに対し、一次視覚野のブロッブ領域の神経細胞は、特定の単色光の反射入力に反応する。このことは、色彩の認知は、視覚情報入力がV４野に達してはじめて実現されるものであるということを示している。すなわち、網膜の錐体細胞に端を発し、外側膝状体の小細胞によって仲介され、ついで一次視覚野のブロッブからV２野の細い線条領域をへてV４野に至る視覚情報処理経路では、色彩認知において、たんなる感覚入力の受容から次第に複雑な高次の感覚情報の認識に至る過程が階層的に実現されていると考えられる。

同様のことは、見えるものの動きの認知機構についてもいえる。視覚入力中の動きにかんする情報は、外側膝状体の大細胞によって仲介され、一次視覚野の４B層、ついでV２野の太い線条領域を介して、V3野あるいはV5野に伝えられる。このうち、V5野では、見えるものが特定の方向に動いた場合にのみ反応する神経細胞がコラムをなして存在し、かつ、V5野内の部位によって網膜部位との対応がある。すなわち、V5野では、視野内のどの部位に見えるものがどちらに動いたかの情報を抽出していると考えられる。これに対し、同じような入力系をもつV3野は、立体視や見えるものの位置にかんする情報抽出に関連していると考えられている。

(4) ヒトにおける視覚連合野の働きを探る

このような動物実験の結果をもとに、ヒトにおいて同様の機能をになっている大脳皮質領域を探索するという試みがなされるようになった。ヒトの大脳皮質の機能を直接的に測定する方法としてよく用いられるのは、PETスキャンと機能的磁気共鳴画像法（fMRI）である。いずれの方法でも、その測定原理は脳血流量の増大を計測することにある。脳において神経細胞の活動が高まると、その活動したところの脳血流量（局所脳血流量という）が増加する。この現象は、神経細胞のエネルギー代謝が高まることによって生成された二酸化炭素が脳血管を拡張するために生ずるものであり、正常な脳ならどこでもおこる現象である。したがって、脳の神経活動を高めるような課題を行う前と行っている最中とで脳のあらゆる場所の局所脳血流量の変化を測定すれば、その課題を行うために働いた脳の場所をしることができる。これがこれらの方法の原理である。ＰＥＴスキャンでは、局所脳血流量の変化を測定するためにポジトロンという放射線を放出する同位元素を注射する。このような目的のためによく用いられるのは酸素15という放射性核種であるが、自然界には存在しない物質であるために、測定現場に設置した小型のサイクロトロンでつくりだし、これを水の形にして生理的食塩水として測定しようとする人の静脈内に注射する。すると酸素15は血流にのって脳に運ばれ、水として脳組織内

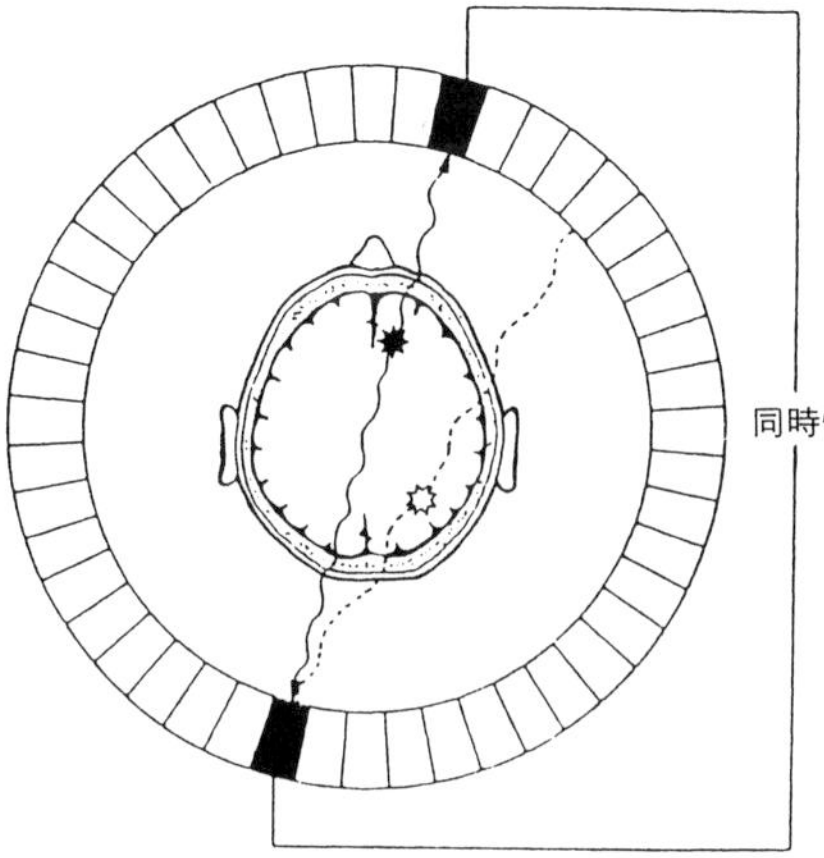

図 13　PET スキャンの原理

リング状に並べた検出器で，ポジトロン放出同位元素から 180 度方向に同時に放出される光子を検出すれば，ポジトロン放出同位元素の位置をしることができる。

に拡散し、ここで崩壊してポジトロンを放出する。放出されたポジトロンは、すぐに周囲にある電子と衝突して消滅し、このとき一八〇度方向に一対の光子を出す。この一八〇度方向に同時に放出される光子のみを、脳を取り囲むようリング状に並べた検出器で検出し放出される光子量を測定すれば、局所に取り込まれた酸素15の量を計測できる（図13）。局所脳血流量の多いところでは、より多くの酸素15が組織内に取り込まれることになるため、これによって局所脳血流量の増加をしることができる。こうして測定した局所脳血流量が有意に増加した領域が、そのときに与えられた課題を行うために使われた脳領域であることがわかる。

一方、ｆＭＲＩでは、酸化型ヘモグロビンと還元型ヘモグロビンによるヘモグロビン分子の磁性変化に基づいて、還元型ヘモグロビン量の変化を検出する。酸化型ヘモグロビンは周囲の局所磁場に変化を与えないが、常磁性体である還元型ヘモグロビンは局所磁場を変化させ、ＭＲＩにおけるプロトンの信号強度を減弱させる。脳活動によって局所脳血流量が増加すると、酸化型ヘモグロビンを多く含んだ血液の流入が増加し、還元型ヘモグロビンが減少するために、プロトンの信号強度が増大すると考えられるので、これを画像化すれば局所脳血流量の増加を間接的に推測することができる。

これらの方法により、ヒトの脳における色彩認知の領域と、視覚的な動きを認知する領域とが詳細に検討されてきた。まず、ＰＥＴスキャンによる研究では、視覚的刺激の変化のうち色の変化に注意するときには、両側の舌状回と外側後頭回《がいそくこうとうかい》の血流が増加し、また色彩を識別するときには、左側の上後頭回と外側後頭回、左の傍海馬《ぼうかいば》回《かい》と舌状回、上頭頂小葉、および右楔前《みぎきつぜん》部《ぶ》の血流増加が見出された。また、色彩モンドリアン図形とよばれる、明るいいくつかの色で区切られた抽象図形を見ているときのＰＥＴスキャンによる脳機能計測では、マカクザルで見出された色彩認知領域であるＶ４野と相同のヒトの皮質領域は、側頭葉・後頭様移行部下面の紡錘状回後部に位置することが見出された。この領域は、ブロードマンの脳地図では一九野の一部にあたると考えられる。この領域が脳梗塞などで両側とも損傷を受けると、色彩認知の能力が失われて、大脳性色覚障害とよばれる状態になってしまい、患者は色彩のないモノクロームの世界しか見えないと訴えるようになることがしられているので、この皮質領域を色彩認知の領域とすることに異論はないと思われる。

一方、画面の上にたくさん提示された四角形が動くのを見るときのＰＥＴスキャン計測では、大脳半球外側面の側頭葉・後頭葉境界部にこのような刺激で特異的に働く皮質領域があることが見つかり、これはヒトにおけるＶ５野であると考えられた。ここもブロードマンの一九野の一部にあたり、中側頭回の後ろに位置している視覚連合野領域である。視覚的な動きの認知部位については、つぎのような実験も行われた。外向きにだんだんと大きくなっていく同心円を見つめていると、中心部から周辺部へ同心円がわきでてくるように見えるようになるが、この動きを急に止めると、今度は逆に同心円が中心部に吸い込まれていくような反対向きの動きの錯覚を生じる。この錯覚を生じているときの脳活動をｆＭＲＩで検索したところ、この皮質領域の活動が捉えられた。すなわち、視覚的な刺激が実際に動いているかどうかにかかわりなく、視覚的な動きを知覚しているときにこの領域が活動していることが見出されたわけである。これとは逆の現象、すなわちヒトの局所脳損傷による運動視の障害はきわめてまれであり、ほとんどしられていないが、ある報告例では、ポットからカップに紅茶が注がれるのを見ても、紅茶が流れ落ちるということを知覚できなかったり、道を横切ろうとするときに、自動車の動きを知覚できないため、自動車が遠くの方に見えるので道をわたろうとすると、その自動車が突然目の前にいて、途中の動きはまったく知覚されないといった驚くべき症状を呈していた。このような症状は、運動視の皮質領域が両側とも損傷を受けたために生じたと考えられる。

このように、ヒトの視覚連合野においても、動物実験で証明されたのと同様なモジュール構造があり、分業体制が存在することがあきらかになったのである。

3—視覚的思考の場

(1) 高次連合野の働き

視覚連合野の前方には高次連合野が拡がっている。この領域は、視覚情報以外の入力も受けている点で、視覚連合野とは異なったタイプの情報処理が可能になってくる。たとえばここで、目の前に見えるものを摑みとるというごくかんたんな動作を考えてみると、この動作のためには視覚情報以外の感覚情報が必要なことがわかる。まず、視覚情報だけでも、見えるものの視野内の位置や奥行きをしることができるが、これだけでは空間内の位置を正確にしったことにはならない。網膜由来の視覚情報は、あくまでも視野内の位置情報を与えてくれるだけであり、自分の視線を中心とする座標軸上の相対的な位置情報しかしることができない。体や、顔がどちらを向いているかということが正確にわからなければ、見えるものの本当の空間的位置はしることができず、その見えるものを摑みとるためにいったい手をどこまで動かせばよいかということがわからない。すなわち体や顔がどの方向を向いているかをしるには、体性感覚情報、すなわち頸部や体幹の関節の角度にかんする感覚情報や、これらの領域の筋肉、皮膚、腱などがどのくらいひっぱられているかにかんする情報が、体性感覚野や体性感覚連合野を介して伝えられることが必要であるし、また、体が傾いたり、動いている場合には、内耳からの前庭入力も必要である。見えるものを摑みとる、というかんたんな動作を遂行するにさえ、最低限これだけの情報を組み合わせていくことが必要なわけである。視覚と体性感覚、あるいは視覚と聴覚というように異なった様式の感覚情報を組み合わせ、ひとつのまとまった情報を形成することを異種感覚連合とよぶが、後頭葉の前方に拡がる頭頂葉・側頭葉領域は、このような異種感覚連合の場として働いている。

高次連合野における視覚情報処理過程として重要なものに、視覚情報入力からの、入力源に対応する概念の想起がある。たとえば、先にのべた目の前に見えるものを摑みとる対象物がリンゴであったとしよう。網膜由来の視覚情報が視覚連合野で処理されることにより、その形と色が認知されるが、それがリンゴであり、手にとって食べることのできるものであるということは、それらの視覚的手がかりからリンゴというものの概念が想起されなければならず、視覚情報処理だけで得られるものではない。リンゴという概念は、リンゴにかかわるさまざまな感覚、見た目だけでなく、手触り、歯触り、味、香り、そして咬んだときのサクッという音など、あらゆる感覚情報の記憶痕跡から形成されており、また、過去にリンゴを食べたときのそれぞれの場面の記憶、リンゴを買うにはどこにいけばよいかというようなリンゴにかんする知識、リンゴの皮のむきかたのコツなど、さまざまな記憶もまた、リンゴという概念に繋がっている。そして、このリンゴという概念が一度形成されれば、さまざまな様式のうちのどの感覚様式の入力からでも、概念やそれに繋がるさまざまな内容の記憶が想起されるようになる。このような働きにより、脳はいま見ているものがなにか、という見えるものの意味をしるのである。

このように受容した視覚情報に基づいて脳内で営まれる異種感覚連合や、さまざまな概念・記憶の想起過程は、後にのべる視覚的思考の一部である。したがって、高次連合野は視覚的思考の場であるということができる。

(2) 動物における視覚的思考の実験

米国の神経生理学者ミシュキンたちは、マカクザルの高次連合野における視覚情報処理についての一連の実験を行った。正常のマカクザルに、二種類の視覚識別課題を学習させる。いずれの課題でも、形の同じ二つの餌箱の片方だけに餌を入れ、上に蓋をして餌が外からは見えないようにする。第一の課題では、餌の入った餌箱の蓋の上に三角柱を、もう一方の蓋の上に四角柱を置き、餌の入った方の餌箱に対応する形を覚えさせる。第二の課題では、餌の入った方の餌箱の近くに目印の円柱を置き、円柱に近いほうの餌箱に餌が入っているということを覚えさせる。前者は、餌のありかを、見えるものの形によって識別する形を見分ける学習であり、後者は、見えるものの位置によって餌のありかをしる位置を見分ける学習である。正常のマカクザルは、どちらも容易に学習し、餌の入った餌箱がどちらかをかんたんに見分けることができるようになる。しかし、両側の上頭頂小葉を除去されたサルでは、形を見分ける学習は容易

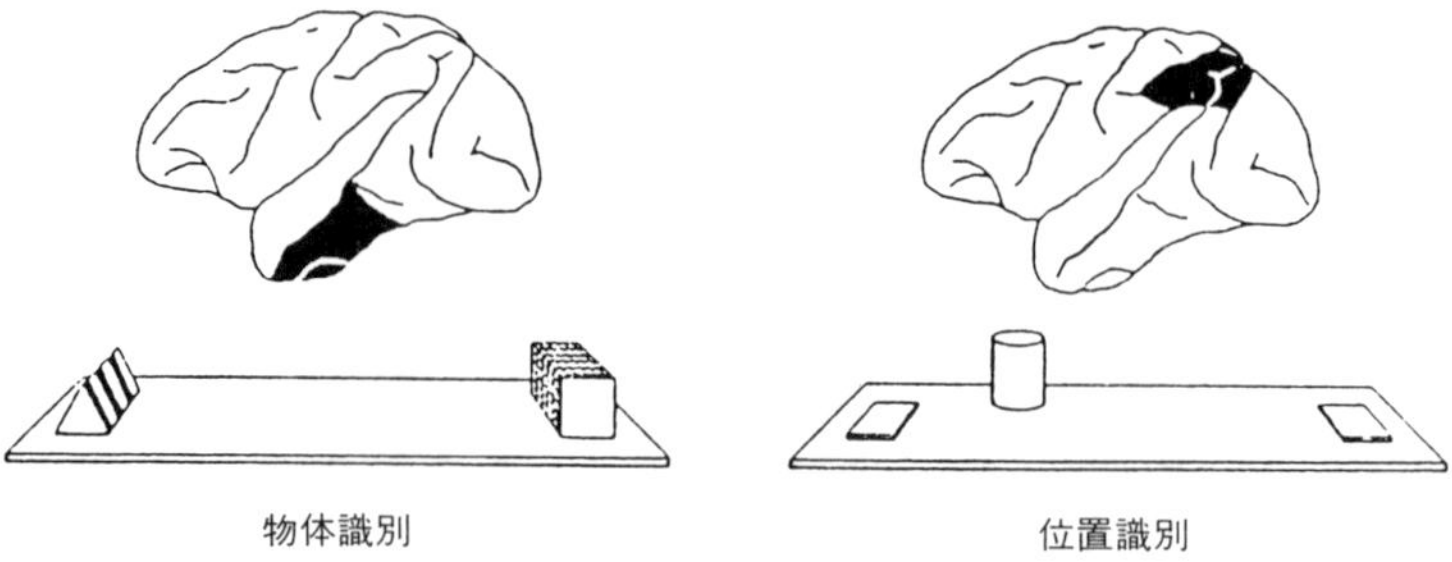

図 14　形態識別テストと位置識別テスト

黒く示した部分が除去されるとその下に示されたテストに失敗する。

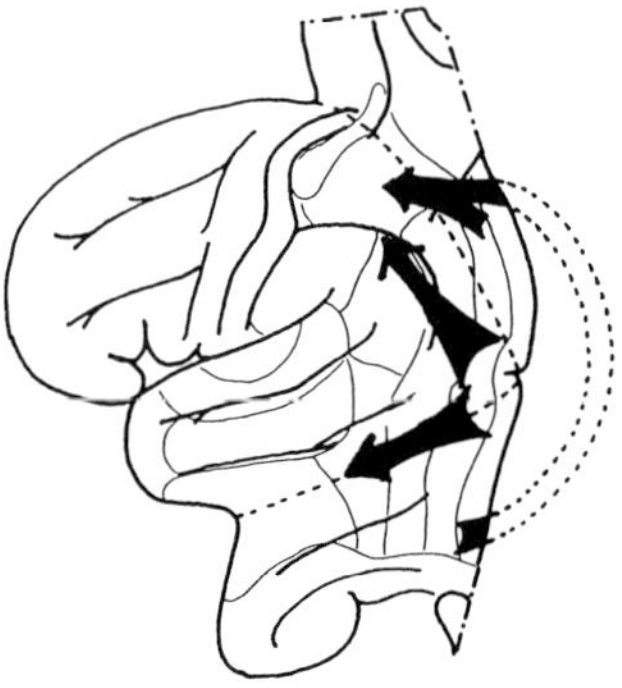

図 15　ヒトの脳における背側経路と腹側経路

背側経路（上の 2 つの矢印）には中心視野からと周辺視野からの両方の入力があるが，腹側経路（いちばん下の矢印）はもっぱら中心視野からの入力だけを受ける。

にできるが、位置を見分ける学習はできない。一方、側頭葉下部を両側除去したサルでは逆に、位置を見分ける学習はできるが、形を見分ける学習のほうはいくら繰り返してもできない（図14）。このことから彼らは、高次連合野における視覚情報処理過程には大別して二つの経路があり、上頭頂小葉に至る背側経路は、見えるものの視空間内での位置情報、すなわち空間視情報を解読するのに対し、側頭葉下部に至る腹側経路は、形態視情報を解読していると考えた（図15）。

近年になり、実験生理学者たちは、脳内に埋め込んだ細い電極から単一の神経細胞の活動を記録するという方法を確立し、さまざまな神経回路の活動を細胞レベルで解析するようになった。これによると、前述の破壊実験とはちょうど反対の現象を捉えることができる。たとえば、破壊によって視空間内での位置情報の処理ができなくなる頭頂葉のニューロンのなかには、視空間内での位置を検出していると考えられるものが見出されており、また、サルの上側頭溝や下側頭回（図16）には、顔を識別するニューロンが存在する。さらに、下側頭回前半部には、さまざまな形の物品や図形を見たときに特異的に反応するニューロンも存在する。詳細な分析によれば、これらのニューロンは特定の図形特徴に対して反応することがわかった（図17）。この領域の一部のニューロンは、特定の形と色の組み合わせに対して特異的に反応するものもある。これらは、特定の色の着いた形を識別しているものと考えられる。彼らによると、この領域の皮質では、特定の図形特徴に反応するニューロンが、コラムをなして縦に並んでいると

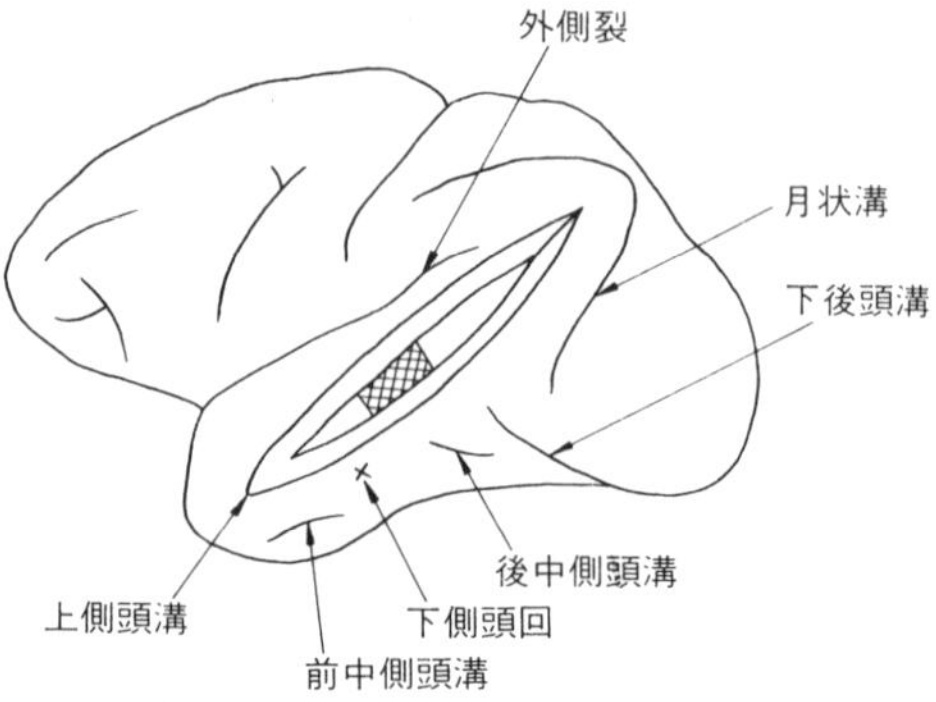

図 16　マカクザルにおける顔識別ニューロンの存在部位

上側頭溝を拡げて示してある。

図 17　下側頭回前半部の皮質ニューロンが反応する図形特徴（藤田一郎，1991 より）

いう。

主としてマカクザルを用いたこれらの神経活動記録の実験の結果、視覚情報処理過程は、空間視を受けもつ背側経路と、形態視を受けもつ腹側経路という背腹方向への機能分化の上になりたっているという、皮質切除実験の結果から提唱されてきた従来からの仮説が支持されるに至った。

(3) ヒトにおける背側経路の損傷

ヒトでも、このマカクザルの実験に対応するような脳損傷例を観察することがある。ここに示す患者W氏は、左半球側の上頭頂小葉の皮質下白質と、右半球側の頭頂・後頭移行部の白質に脳梗塞を生じたため、両側の背側経路が損傷されてしまった。しかし、腹側経路は両側ともまったく侵されていない。この患者では、視覚的認知能力のうち、見えるものが〝なにか〟ということにかんしては、まったく問題はなく、相貌認知、すなわち顔を見るだけで誰であるかを識別する能力にも異常はない。しかし、見えるものの視空間内での位置情報、すなわち空間視情報の解読にかんしては、きわめて重大な欠陥を生じている。

たとえば、W氏に図18左列のようなモデル図を提示して、これと同じように点を結ぶようにというと、図18Aのようになってしまい、各点の空間的位置関係が正しく認識されていないことがわかる。このような空間視情報の処理障害のため、W氏はさまざまな症状を示す。たとえ

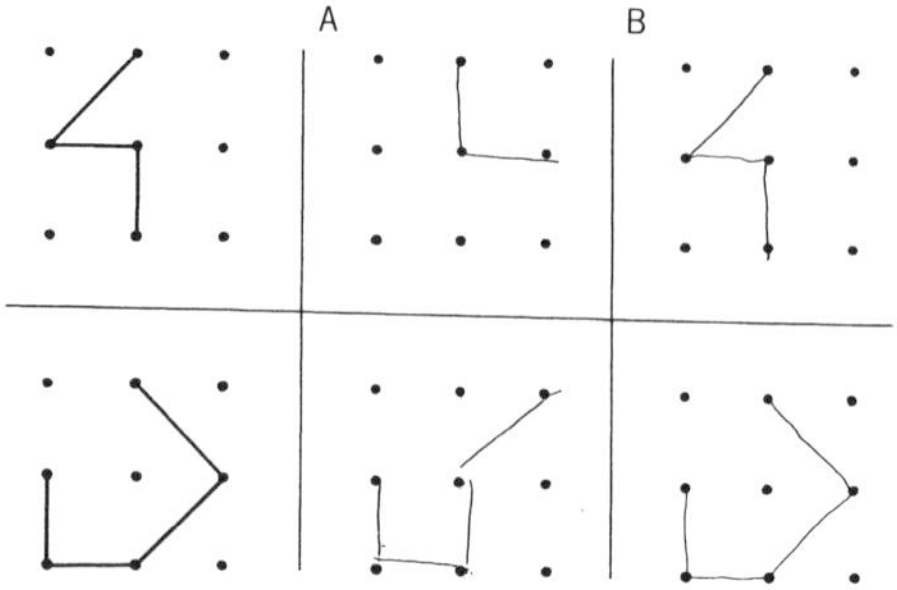

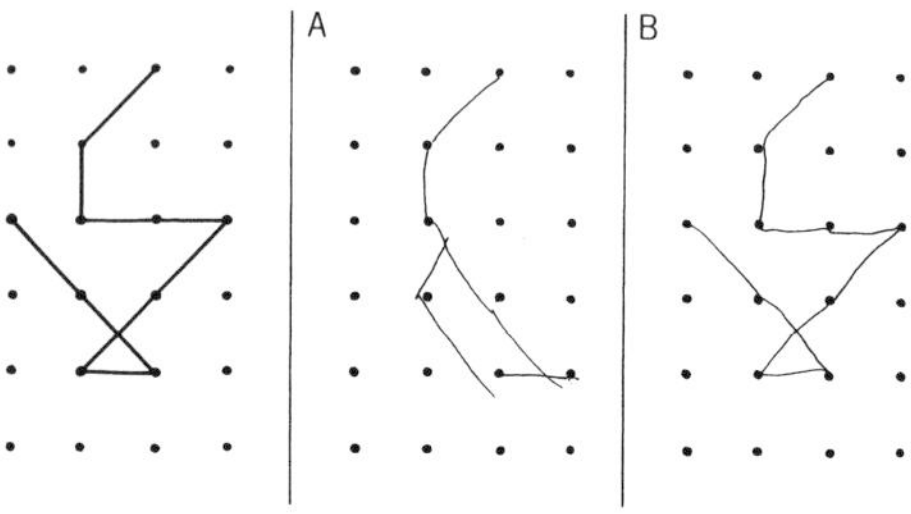

図 18　W 氏と N 氏における空間視の能力

左側のモデルに従って点を結ぶテストは，W 氏（A）はできないが，N 氏（B）は異常がない。

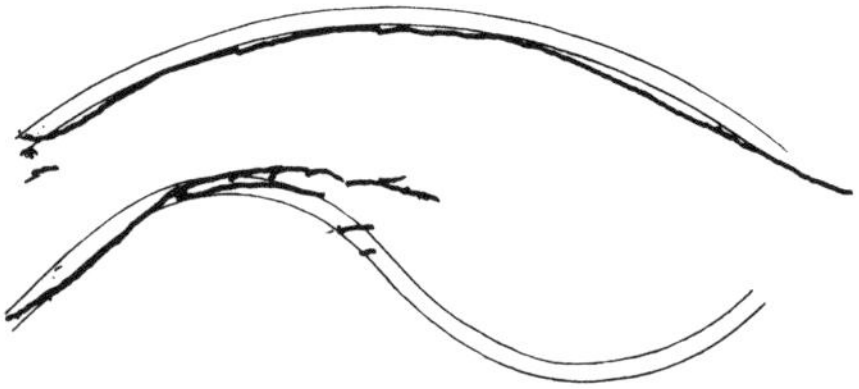

図 19　W 氏における視覚誘導性の手の運動の障害

W 氏はガイドラインに触れずにあいだをたどることができない。

ば、図19に示すように、二本のガイドラインに触れずに、そのあいだに線を引くというテストでは、W氏の引く線はどうしてもガイドラインに触れてしまい、まちがったことがわかってやり直しても、どうしてもうまくいかない。すなわち、視覚誘導性の手の運動が侵されている。また、W氏と筆者とが対面し、W氏には筆者の鼻を見つめているように指示する。このようにしてW氏の視野の周辺に示した筆者の指の片方だけを動かし、動いた指を摑むように指示すると、これをうまく摑むことができない（図20）。この現象は視覚性失調症とよばれ、頭頂・後頭移行部の白質が損傷された人においてしばしばみられる。

私がこの視覚性失調症という現象について興味を抱くようになったのは、かつてパリ留学中

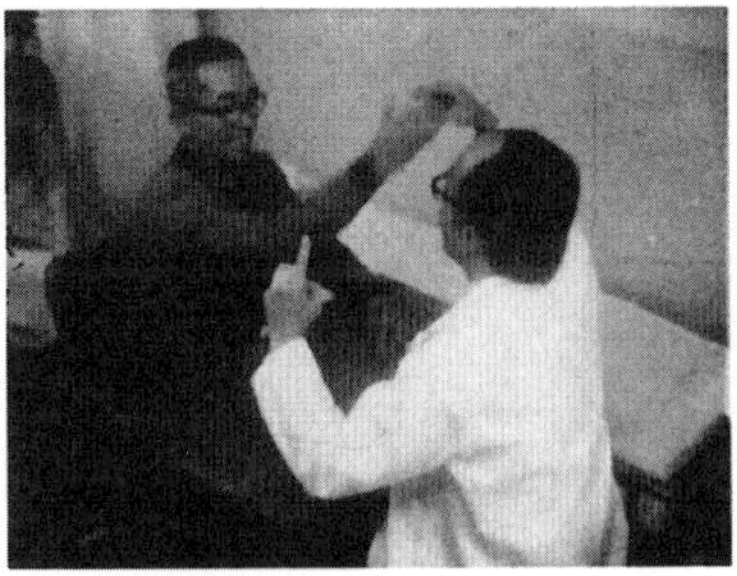

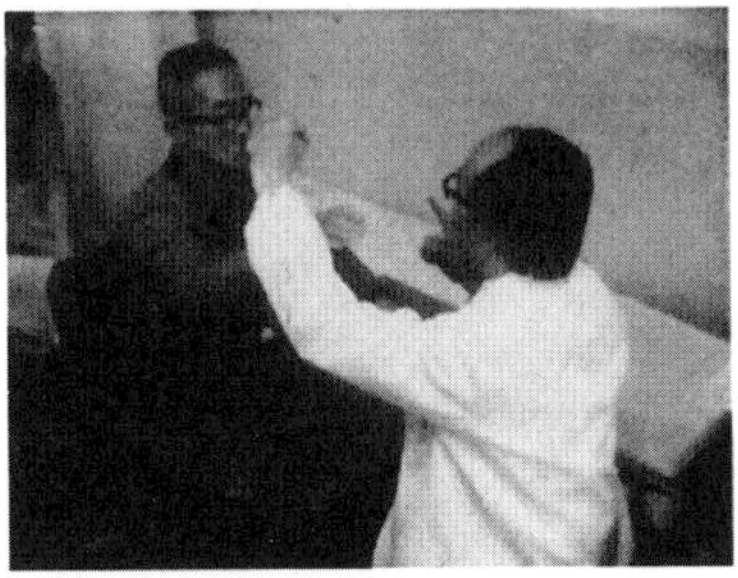

図20　W氏の視覚性失調症

左視野内の目標はうまく摑むことができるが（上），右視野内の目標では手がそれてしまう（下）。

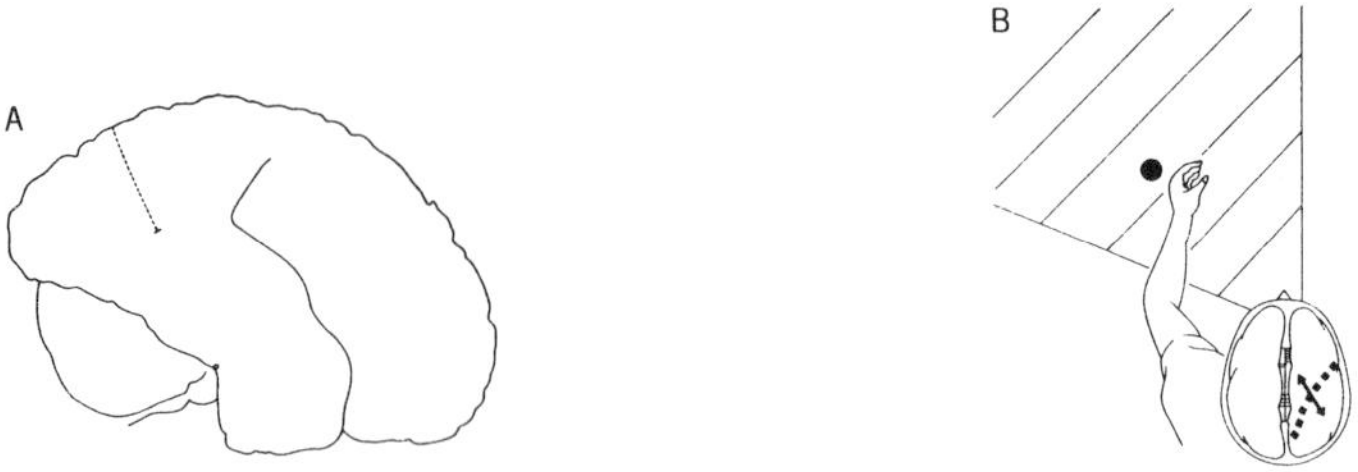

図 21　A 夫人の皮質切開の部位（A）と症状（B）

点線の所（A）で皮質が切開され白質の線維が切断されたため，左視野内の視空間位置情報が運動をコントロールする皮質領域に伝えられず（B），視覚性失調症が生じる。(P.ロンド，1975 より)

での外来診察のときに、師匠のピエール・ロンド教授が症例報告された視覚性失調症の患者A夫人と出会い、彼女自身の自覚症状について直接教えてもらう機会を得てからである。A夫人は眼科医であり、突然の脳室内出血と続発性のくも膜下出血を生じ、ロンド教授のもとに送られてきた。動脈撮影によって右側脳室内の動脈瘤破裂が疑われたため、手術的治療がなされた。このとき、右半球外側面の頭頂・後頭移行部の大脳皮質が切開され、脳室内動脈瘤にクリップがかけられた（図21A）。A夫人の術後の経過は順調であり、スムーズに家庭生活に戻ることができたが、いったん家庭に戻ってみると、ことはそれほど容易ではないということがわかった。パリの窓の鎧戸には左右両開きのものが多いので、開いた鎧戸を閉めようとするときには、左右に開いた扉の取っ手を両手で摑み、手前に引き寄せるということになるのだが、この動作を普通にしようとすると、A夫人は左側の扉の取っ手を摑みそこなってしまうのに気づいた。取っ手が見えないわけではなく、また左手の運動能力にも異常はないのに、見えているものを摑みとることができない。目に見えるものを摑みとる動作は、視覚性到達動作とよばれるが、A夫人ではその障害、すなわち視覚性失調症が見られるのである（図21B）。A夫人はまた、こんなことにも気がついた。ガスレンジにのっているフライパンの柄を摑もうとするとき、柄が向かって右側にある場合にはなんということなく摑めるのだが、柄がフライパンの左側に向いているときには、手がそれてうまく摑めない。しかし、鎧戸の場合にも、フライパンの柄の場合にも、うっかり摑みそこなった左側の取っ手や柄をよくみなおして摑みなおせば、なにごともなくこれを摑みとることができるのであり、失敗するのは、左側の対象を注視せずに摑もうとした場合だけである。A夫人は、「ああ、これが視覚性失調症というものなんだわと思ったので、ロンド教授にそういったのよ。だから、私の症状を最初に診断したのは私自身なの」と語ってくれた。このようにのべるA夫人を詳細に診察したロンド教授は、左視野内の周辺部に見えるものに対して、右手でも左手でも視覚性失調症が生じることを確認した。彼女の手術に際して行われた右半球頭頂・後頭移行部の皮質切開では、この部分の大脳皮質の破壊はほとんどなく、主として大脳白質の線維連絡が切断されたと考えられるため、この皮質切開部位より後方にある右半球の皮質領域で解析された、左視野周辺部に対する視覚性到達動作において必要な視空間位置情報が、左右の手の運動をコントロールする皮質領域に伝えられなくなってしまい、左視野周辺部に対する両手の視覚性失調症が出現すると考えられる。

このように、視覚性失調症においては、視野周辺部の視覚対象物に対する視覚誘導性の運動がおかされるのに対し、先にのべたガイドラインのあいだの線引きテストのエラーでは、注視点、すなわち中心視野内での視覚誘導性運動がおかされている。A夫人では、中心視野内での視覚誘導性運動についてこまかな検討がなされていないが、先にのべたようなこと以外に日常動作の障害はなかったので、おそらくおかされてはいなかったものと思われる。先にものべたように、両眼の網膜の周辺部に受容された視覚情報は、途中で半分が交差し、左視野からの視覚情報は右半球へ、右視野からの視覚情報は左半球へと送られるが、網膜中心部である中心窩に受容される中心視野の視覚情報のみは、両側半球に同時に送られることがわかっている。したがって、A夫人のように片側半球のみがおかされた場合には、中心視野からの視覚情報に対する障害は生じないと考えられるのである。中心視野からの視覚情報に基づく障害は、原則としてW氏のような両側半球病変によって生じる。しかし、W氏では、右視野周辺部に対する両手の視覚性失調症が認められただけで、左視野周辺部に対する両手の視覚性到達動作には異常が見られなかった。W氏の大脳白質病変は両側性ではあるが左右非対称であり、視覚性到達動作の障害が見られる右視野に対応する左半球病変は、上頭頂小葉の皮質下にあり、視覚性到達動作障害の見られない左視野に対応する右半球病変は、これより後方にあたる頭頂葉・後頭葉移行部の腹側部にあった。このような病変部位の差から考えると、W氏の白質病変は、左半球では中心視野からと周辺視野からの両方の情報経路を離断し、右半球病変は中心視野からの情報経路のみを離断していると考えられる（図22上）。

先にのべたように、W氏におけるこのような視覚誘導性の手の運動の障害は、見えるものの視空間内における位置情報を正しく解読できないことによるが、これに加えて、見えるものの位置関係や、向きを判定することも高度に障害されている。たとえば、図23のような十字を模写するテストでは、モデル図と同じように直交する一二本の線分を描くが、線分の長さと互いの位置関係がまったくでたらめで、正しい模写ができない。しかし、形や角度の認知・構成能力には大きな障害はなく、丸、四角、三角を描くようにというテストでは、モデルがなくてもほぼ正しく描くことができるし、モデルと同じ角度になるのはどれかを選択するテストでも障害はみられない（図24）。図形の向きの判定は困難であり、向きの違うもの、あるいは同じ向きのものを選択するというテストでは、しばしば誤りがみられる（図25）。またW氏は、図26の上に示したようなモデル図の模写において同図の下に示すような描画をしたので、モデル図と同じかどうか確認するようにいうと、しばらく両者を見比べた後に、「両方とも三角形が二つだから同じだ」と答えた。すなわち、形の弁別能力は保たれているが、向きと位置関係の認知には大きな欠陥のあることがわかるのである。

このように、W氏の脳は、見えるものの形は比較的よく認知できるのだが、それらの形が視空間内のどこにあるのか、どんな方向を向いているのか、ほかの見えるものとどのような位置関係にあるのか、というようなことにかんしては、まるで無知である。彼がいったいこの視覚

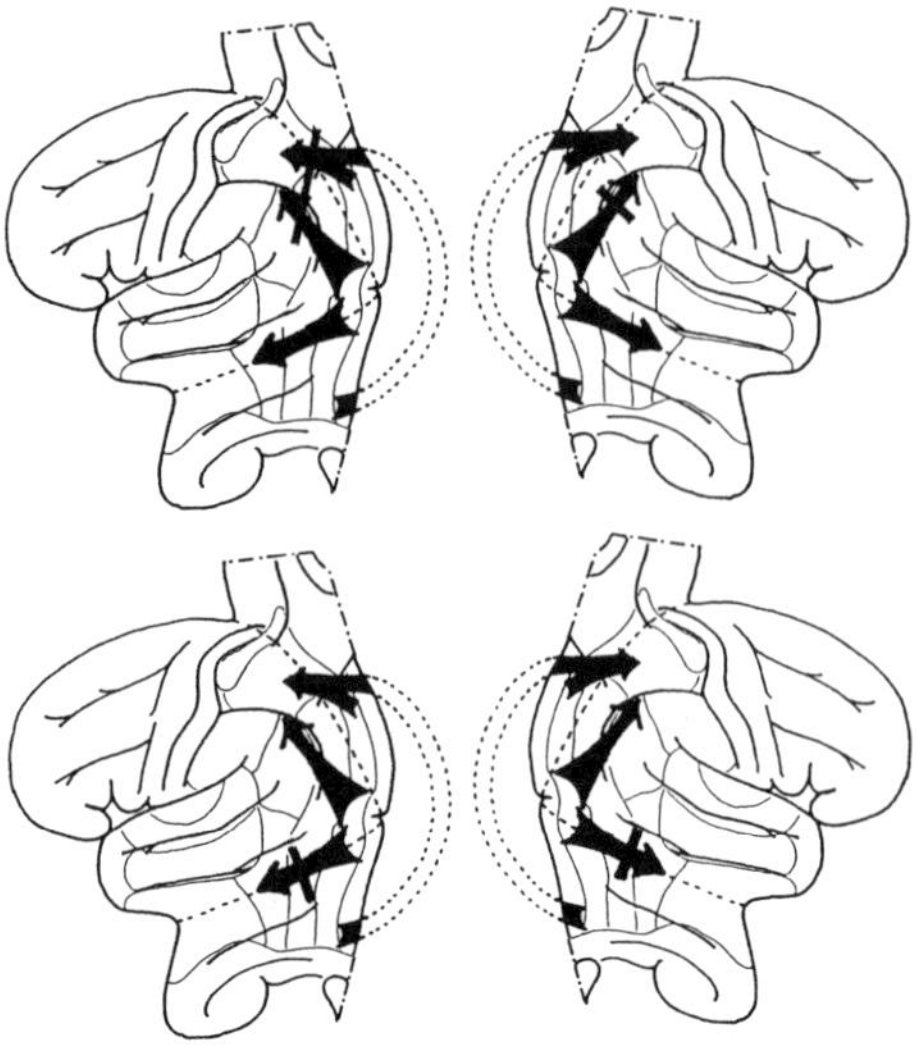

図 22　W 氏と N 氏の白質病変模式図

W 氏（上図）は両側の背側経路，N 氏（下図）は両側の腹側経路のみがおかされている。矢印を横切る線は病変によって破壊された箇所を示す。

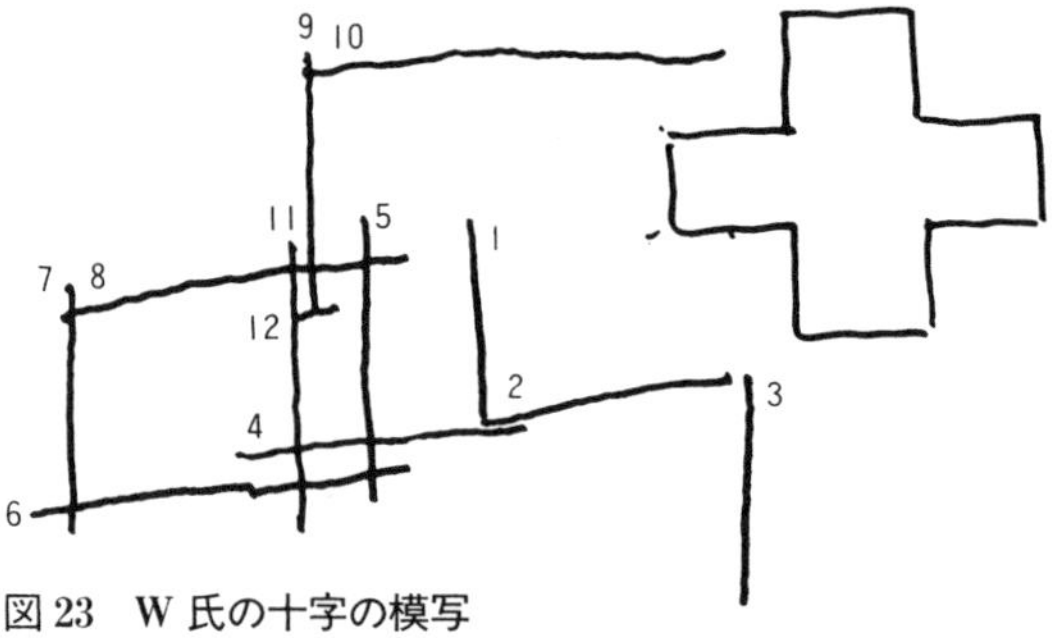

図 23　W 氏の十字の模写

右上のモデル図を示すと 12 本の直交する線分を描くが，位置関係が滅茶苦茶で模写としては失敗である。数字は各線分を描いた順番である。垂直方向と水平方向の線分を交互に描いていることがわかる。

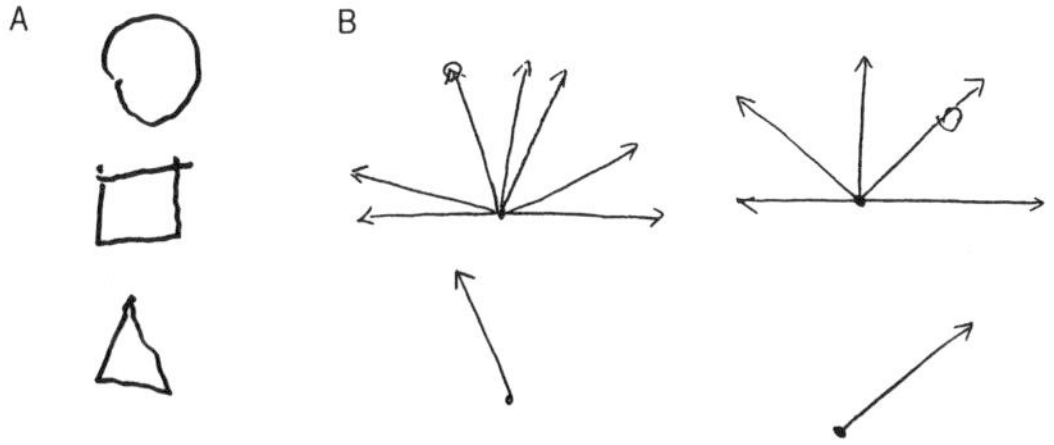

図 24　W 氏の自発描画と角度の判定

円，正方形，三角形の自発描画（A）には異常がなく，上に示した扇型の線分のなかから下の線分と同じ角度の線分に印をつけるテストでも失敗はない（B）。

図 25　W 氏における向きの判定の誤り

向きの異なるものに印をつけるテストでは判定を誤る。

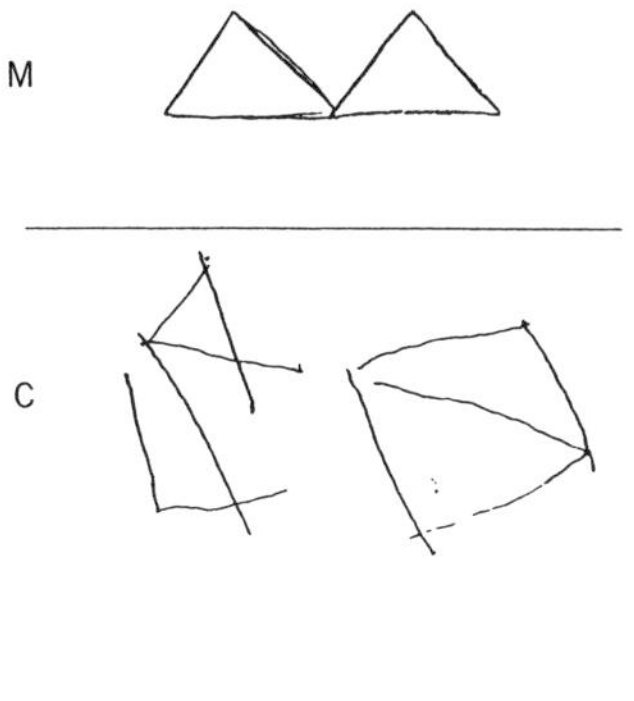

図 26　W 氏の模写

モデル（M）と模写（C）とは，どちらも「三角が二つ」だから同じ図形だと主張した。

図27　ピカソ：3人の楽士たち
W氏の視覚世界はこのようなものであろう。

的世界をどのように捉えているのかを推測してみると、おそらく総合的キュビズム時代のピカソの絵画（図27）のような世界なのではないかと思われる。この絵のなかに、縦笛を吹くピエロ、ギターを奏でるアルルカン、楽譜を拡げて歌う修道僧、そして床に寝そべっている犬の姿を発見することはきわめて容易である。しかしいったい誰が誰の前に、あるいは後ろにいるのか、犬はテーブルの下にいるのかピエロの後ろにいるのか、まったく見当がつかない。すなわちこの絵において画家がキャンバスの上に表現したのは、W氏の脳が見ている世界そのもののように思われる。いいかえるなら、W氏の脳が見る視覚的世界も、この絵に表現された視覚的世界も、ヒトの脳における視覚情報処理機構のうち、腹側経路だけを使って見た視覚世界なのである。

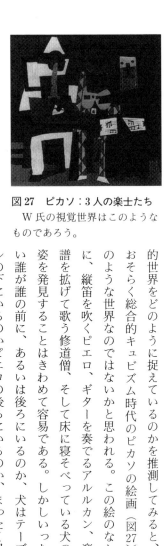

(4)　ヒトにおける腹側経路の損傷

これに対し、両側半球下面の側頭葉・後頭葉移行部に脳梗塞を生じ、腹側経路の両側性損傷（図22下）を生じてしまったN氏では、W氏とは反対の視覚情報処理障害がみられる。N氏の自覚症状の中心は、相貌失認、すなわち人の顔を見ただけではそれが誰かわからない、という症状であった。そこでN氏は、誰かに出会って挨拶されたときにはかならず話しかける。相手の声を聞けば、たちどころにそれが誰であるかわかるからである。すなわち、見知った顔の人であっても、出会って顔を見ただけではどのような人なのか、なんという名前なのかを思い出せないが、これらの記憶そのものがなくなったわけではない。このような障害が相貌失認とよばれている現象であり、N氏のように両側性の側頭葉・後頭葉移行部下面の病変で観察されるものである。症例によっては、右半球の同部位の損傷のみでも相貌失認が生じ得ることがしられている。

さて、W氏に行ったのと同様のテストをN氏にも行ってみると、W氏でできなかったものがN氏ではでき、W氏でできたものはN氏ではできないという正反対の結果が得られた。たとえ

図 28　N 氏における向きの判定

向きの異なるものに印をつけるテストには異常がない。

図 29　N 氏のぬり絵の模写

モデル（上）を模写（下）できても，なんの絵を模写したのかはわからない。

ば、N氏では、視覚誘導性の手の運動は、中心視野においても周辺視野においてもまったく正常であり、視空間の位置情報の解読にも障害はない（図18B）。また、形の向きの認知能力も正常である（図28）。図形の模写能力は正常で、かなり複雑なモデル図も上手に模写できる（図29）。しかし、模写した絵の対象がなにかとたずねると、正しく答えることができず、たとえば図29の場合、右の「犬」を見ながら、「動物ですね、牛でしょうか」と答えたりする。N氏に質問してみると、犬や牛の体の大きさや鳴き声、社会的な意義などについての知識は正常であることから、これは画像失認であることがわかる。

N氏に見られる画像失認の根底には、視覚情報処理における地と図の識別がおかされていることがあげられる。図30のような錯綜図において十字のみを縁どりするというテストの遂行能

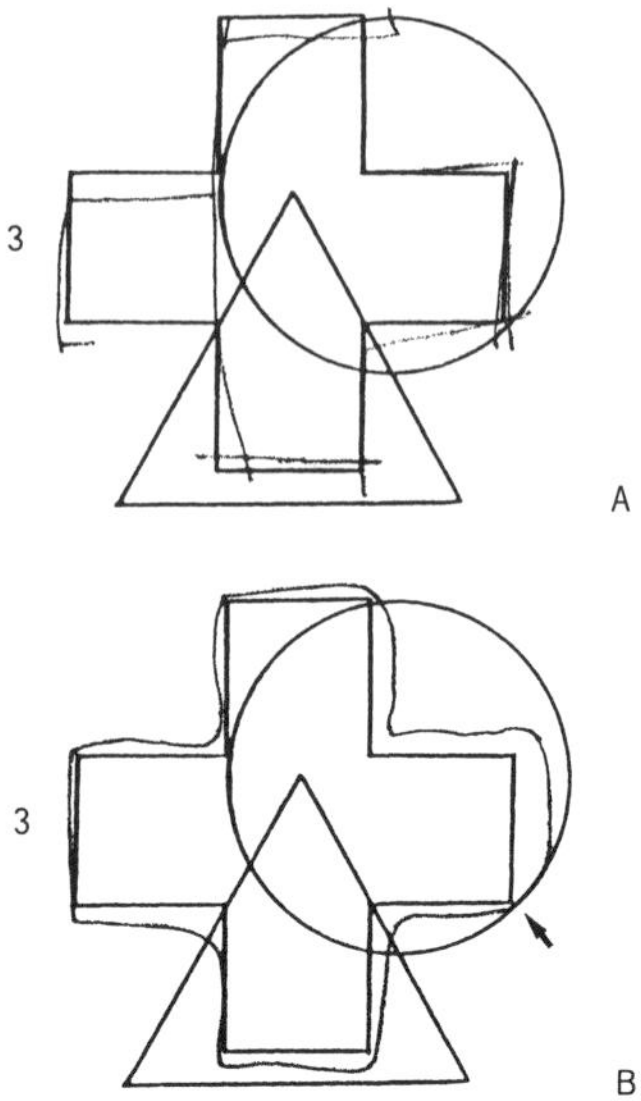

図30　W氏（A）とN氏（B）における地と図の識別

図31　N氏における地と図の識別障害

力を、先のW氏とN氏とで比較すると、W氏では、視覚誘導性の手の運動の障害のために縁どりの技術はきわめて拙劣であるが、十字という形の認知能力には障害のないことがわかる。これに対しN氏では、矢印の所であきらかなように、輪郭線の混同が生じており、見えている線がどの図形の輪郭線なのかということがわかっていない。N氏に、図31のようにもっと複雑な錯綜図のなかから、ひとつひとつの星形を別々に縁どりするというテストを行わせると、輪郭線が独立した所では誤りがないが、輪郭線の錯綜している中央部では、すべての星形の輪郭線がひどく混乱しており、正しく縁どりすることはまったくできない。このように、両側の腹側経路を障害されたN氏では、地と図の識別能力が失われており、目に見えるさまざまな線がいったいどの形に帰属する輪郭線なのかをしることができない。線の位置や位置関係、向きなどは正確に認知できるため、図を模写したりする能力は正常であるが、模写したものがいったいなんなのかがわからない、という不思議なことは、このようにして出現したものである。

さて、N氏の視覚的世界はいかなるものであろうかと想像するとき、モンドリアンの「花咲くりんごの木」を思い出す（図32）。キャンバスの上に描かれたたくさんの線は、どのような形を表しているのか、見る人には定

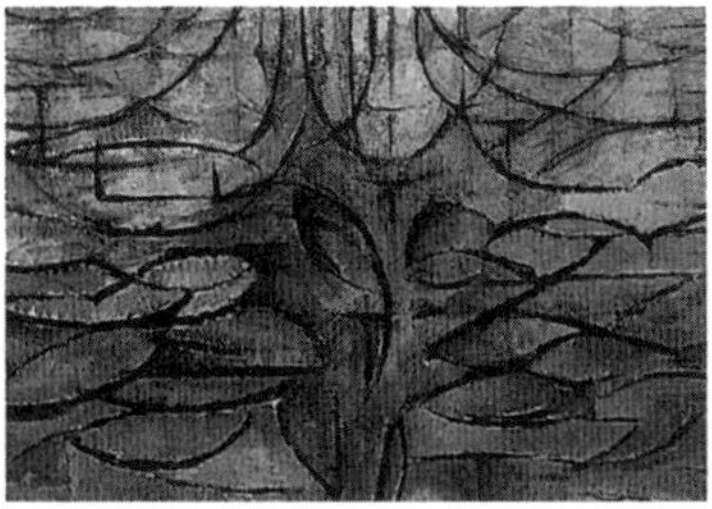

図32　モンドリアン：花咲くりんごの木

N氏の視覚世界はこのようなものであろう。

表1　W氏とN氏の比較

	W氏	N氏
おかされている経路	背側経路	腹側経路
視覚性到達動作	障害	正常
視覚誘導性運動	障害	正常
視空間内の位置の判定	障害	正常
図形の向きの判定	障害	正常
図形の模写	障害	正常
図と地の識別	正常	障害
画像や相貌の認知	正常	障害

かではない。錯綜するこれらの線は、帰属すべき形態を失ってしまっている。この絵は、視覚情報処理の背側経路だけを働かせてとらえた視覚世界を表現しているのであり、まさにN氏の視覚的世界なのである。視覚領域は外界から無数の輪郭線を抽出するが、ばらばらな輪郭線がひとつひとつのまとまった形の一部分であることがわからなければ、この絵のような世界に止まらざるを得なくなってしまう。これを補っているのは、おそらく過去の視覚体験のなかにあるさまざまな形の記憶であろう。視覚情報処理の腹側経路は、このような視覚体験内の形の記憶をよびおこしたり、記憶のなかからよびおこされた形と外界に見える輪郭線とを照合させたりするために必要な神経回路という重要な役割を担っているのである。

ここでW氏とN氏の視覚情報処理能力を比較してみると、表1のようになる。それぞれにおいて失われた能力と保たれた能力とは、見事に正反対になっており、視覚情報処理にかんしては、背側経路の働きと腹側経路の働きとが、完全に補完的なものであるということがよくわかる。ヒトの脳における視覚情報処理過程において、このように相互補完的な二つの経路があることは、銃創患者における検討によっても確認されているが、右半球のみの一側性病変を有する患者ばかりであるため、ここに紹介したW氏やN氏ほど顕著な障害は認められていない。このような、ヒトにおける背側経路と腹側経路との機能的分化については、PETスキャンによる研究も行われており、背側経路は空間視、腹側経路は形態視という分業体制が確認されている。

4—視覚的イメージ

(1) 視覚的イメージとはなにか?

視覚的な体験は脳内に視覚的記憶として保存され、実際にはそれに対応する視覚的な入力がない場合にでも、これをよびおこすことができる。このようにしてよびおこされる視覚的な体験感は、視覚的イメージとよばれている。先に概念のところで説明したリンゴを例にとれば、リンゴが目の前になくとも、リンゴという言葉からリンゴの形や色などの視覚的イメージをよびおこすことは容易であり、この視覚的イメージに基づいて、実物を写生しなくてもリンゴの絵を描くことができる。このように、視覚的イメージの多くのものは、概念と結合している。しかし、視覚的イメージは、つねに概念に対応しているわけではない。言葉には言い表し難い視覚的な記憶というものを体験することはめずらしいことではないが、このような場合の視覚的イメージには、対応する特定の概念が存在しない。たとえば刑事事件の目撃者に、犯人の似顔絵を描いてもらったり、モンタージュ写真を作成してもらったりすることは、視覚的イメージが概念のような、一般化され、符号化された意味記憶とは独立した記憶システムに取り込まれうることを示している。

記憶については、次章においてくわしくのべるが、長期間にわたって脳内にしっかりと貯蔵される長期記憶とよばれるものと、電話番号を電話をかけるあいだだけ覚えているときの記憶や、繰り上がりのある足し算を暗算で行うときに繰り上がり数を覚えているような働き、あるいは対談をしているときに、相手のいったこと、自分のいったことを覚えている能力など、さまざまな場面で一時的に覚えていなければならないときに働いている作業記憶とよばれるものがある。また、外界から受容した感覚入力や、自己の神経活動の状況をしばらくのあいだ保持するというだけでなく、すでに貯蔵されている長期記憶のなかから、そのときの神経活動に必要なものを作業の場に引き出してくるということも、作業記憶の重要な要素をなしている。脳があるまとまった活動を営むときには、その活動のきっかけとなった新しい入力情報だけでなく、すでに貯蔵されている長期記憶情報もその作業の場に動員してくるのであり、それらの必要情報が一時的に活性化されている状態が、作業記憶とよばれるものである。

作業記憶は、内容的に聴覚的・言語的なものと、視覚的・空間的なものとに分けることができる。視覚的イメージといわれているものは、この作業記憶のなかの視覚的・空間的な部分であると思われる。先にあげた例に戻れば、リンゴの視覚的イメージなるものは、意味記憶として貯蔵されているリンゴの視覚的長期記憶を、目撃した事件の犯人の似顔絵を描くときの視覚的イメージなるものは、出来事の記憶として貯蔵された犯人の顔の長期記憶を、それぞれ作業記憶の場に引き出してきたものであるといえよう。したがって、脳における視覚的イメージの神経機構というものは、視覚的・空間的な作業記憶の脳機構であるということになる。後にのべるように、作業記憶という概念は、記憶の研究のなかでは新しい考え方であり、まだ研究者による意見の違いも大きいが、作業記憶という神経機構の存在を想定すれば、視覚的イメージとその障害を理解しやすくなる。

(2) 動物における視覚的記憶

近年、視覚的な記憶の神経機構にかんする動物実験がなされ、側頭連合野がその場であることがあきらかにされてきている。図33に示したような二つずつの図形のペアをサルに覚えさせ、この学習が成立した後、今度はこれらのペアの片方の図形のみを手がかり刺激として提示し、数秒間の間隔をおいてから二つの選択図形を提示して、先に提示したものとペアになっていた図形を選ばせる。正しい図形を選んで手で触れると、サルは報酬としてジュースをもらう。このような実験を行っているあいだに、神経細胞の活動を記録すると、側頭連合野のニューロンのなかに、手がかり刺激を与えただけで、選択すべき特定のペア図形を想起していると考えられるニューロンが見出された。すなわち、このような視覚的対連合学習において形成される視覚的記憶は、側頭連合野において形成されていると考えられる。

このようなサルの実験で用いられた視覚的対連合学習のモデルとなったのは、ヒトの記憶能力を調べるテストであるウェクスラー記憶力スケール改訂版（WMS－R）に使用されている

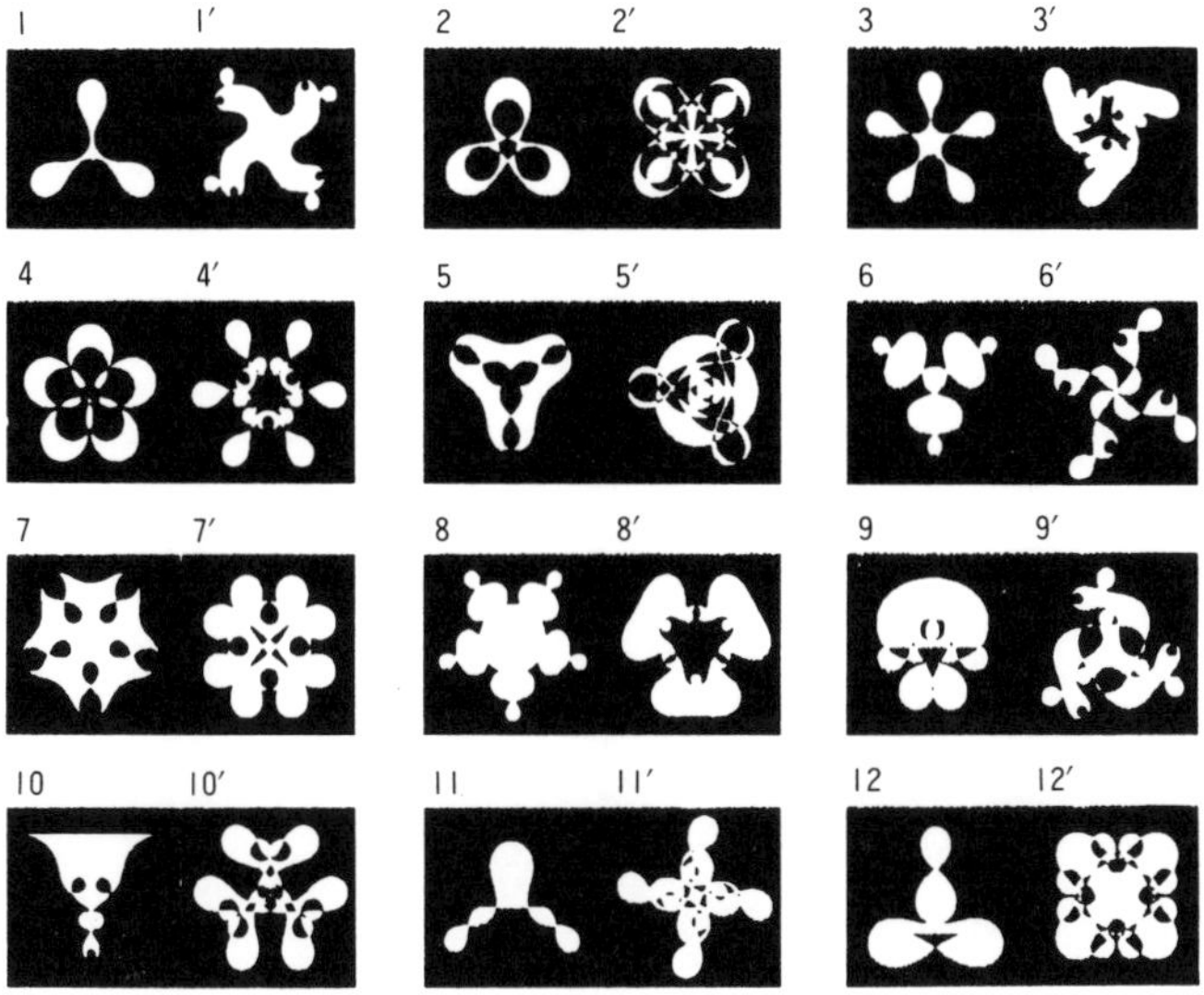

図 33　サルの実験における視覚的対連合学習

これらの図形のペアを覚えさせた後，どちらか片方だけを見せて複数の選択肢のなかから選び出させる。(酒井邦嘉，1995 より)

視覚性対連合学習課題であり、出来事の記憶に対応する記憶内容を調べるためのテストである。このテストでは、線画と色の対応を覚えさせてから、線画のみを提示したときにこれとペアをなす色を選択させる。健忘症、すなわち出来事の記憶の障害を有する患者では、一般的な出来事の記憶が障害されるのと平行して、このような視覚性対連合学習の障害が見られる。たとえば、単純ヘルペス脳炎の後遺症によって、五分前の出来事でさえ完全に忘れてしまうほどの、きわめて高度の健忘症を生じた患者に、このＷＭＳ－Ｒの視覚性対連合学習課題を行ったところ、ただひとつのペアでさえ覚えることができず、視覚的記憶の欠陥があきらかであった。しかし、この患者で言語性の対連合学習を行うと、これもやはりまったくできない。したがって、この患者の視覚的記憶障害は視覚性記憶だけにかぎられたものではなく、すべての様式の出来事の記憶の障害の一部が、視覚性記憶にまで及んでいるというだけのことである。このことは、先にのべたサルの実験についても同様であり、視覚性記憶の神経機構というよりは、出来事の記憶一般の神経機構にかんする実験と解するべきであろう。視覚性記憶だけにかぎられた障害というものがあるとすれば、それは健忘症状を伴わない視覚的イメージの想起障害という形であるはずである。また、視覚的イメージには、出来事の記憶だけでなく、意味記憶から引き出されてくるものもあるはずであり、出来事の記憶のみが視覚的イメージを作っているのではない。したがって、視覚的イメージを検討するためには、意味記憶に属するような記憶内容のものについて調べる必要がある。そして、ヒトの視覚的イメージの研究には、やはりヒトそのものを研究対象にする必要がある。

(3) ヒトにおける視覚的イメージ

ヒトにおける視覚的イメージの座については、局所脳損傷によって視覚的イメージに障害があった症例が有用なデータを提供してくれる。レヴァインらは、筆者らが先に示したN氏で見られたような相貌失認と画像失認を生じた両側側頭葉損傷患者を観察し、この患者では、有名人の顔や動物の形などの視覚的イメージを想起することができなかったが、道順などの空間的なイメージを想起することには問題がなかったことを報告している（図34）。彼らは、先に示したW氏のように両側頭頂葉損傷を生じた患者も同時に観察し、こちらの患者は、形の視覚的イメージの想起には問題がないが、道順のような視空間イメージを想起することができなくなっていることを見出した。すなわち、視覚的イメージの想起においても、視覚的認知における背側経路と腹側経路の分業体制と同じような分業体制がなりたっていると考えられる。

ファラーらは、左半球の後頭葉から側頭葉にかけての局所脳損傷を有する患者で、視覚的認知能力には障害がないのにもかかわらず、視覚的イメージの想起のみが障害されているのを観察した。この患者は、目の前に見たものがなんであるかはわかるが、記憶に頼って絵を描くことができない。先にのべた単純ヘルペス脳炎後遺症の患者でも、自由描画の能力がいちじるしくおかされていた（図35）。患者は、草花や動物の描画をしようとしてもその視覚的イメージ

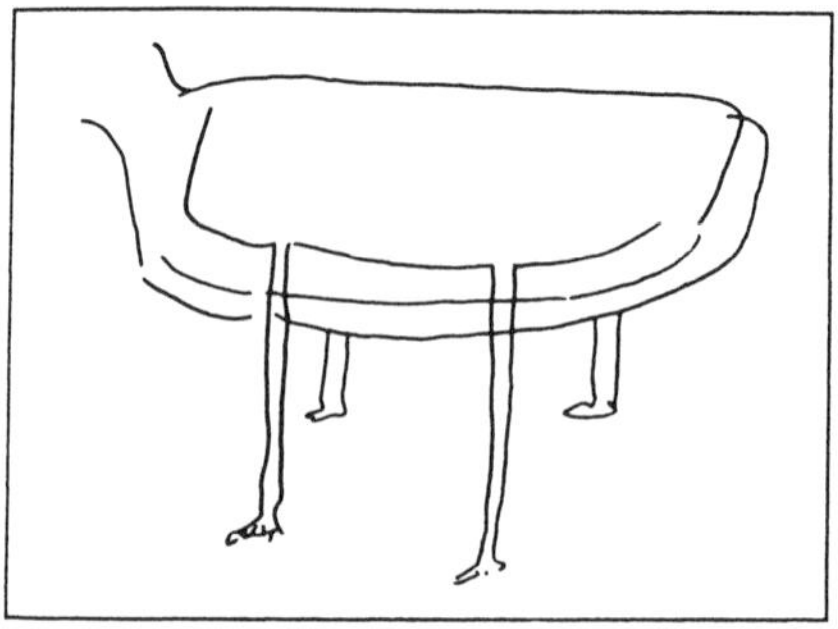

図 34　レヴァインらの症例の描いた象の自発描画

（D. N. レヴァインら，1985 より）

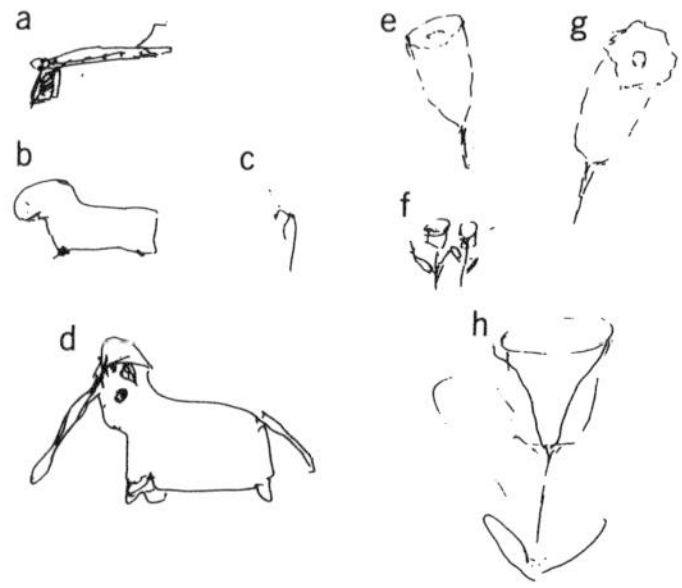

図 35　単純ヘルペス脳炎後遺症による健忘症患者の自発描画

a：かなづち　b：豚　c：兎　d：象　e：チューリップ　f：たんぽぽ　g：ひまわり　h：朝顔。

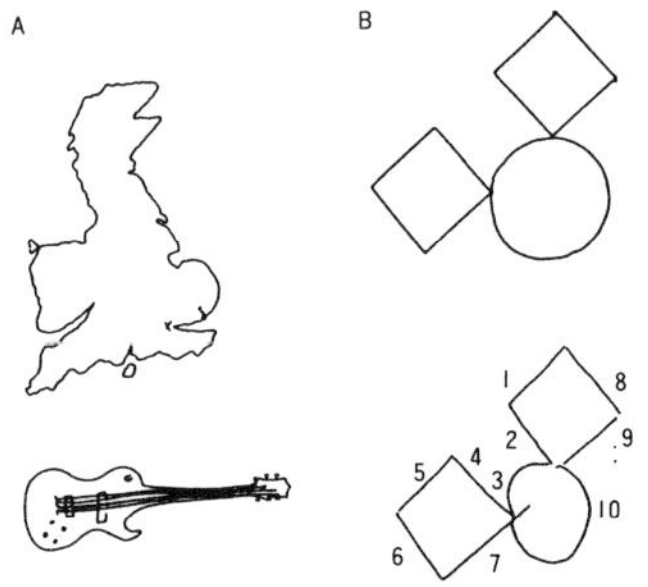

図 36　視覚的イメージと視覚的認知能力の解離

A：記憶に基づいて描いた英国の地図とエレキギターの自発描画

B：モデル図（上）の模写（下）に数字で示した筆順を見ると，個々の部分をまとまった図形としては認知していないことがわかる。（M. ベーアマンら，1992 より）

を思い出せないと訴えたが、視覚的認知能力にはとくに異常がなく、自分では描くことのできない動物や花でもその絵を見れば、容易にそれがなんであるかをいうことができた。これらの患者では、視覚的認知能力は正常に保たれていることから、形の視覚的イメージの想起過程に障害があると考えられる。この患者では、両側の側頭葉内側部と、左半球側の側頭葉外側面が広範に破壊されていた。すなわち、左側頭葉から後頭葉にかけての領域は、形の視覚的イメージの想起に必須の領域なのであろうと考えられる。

最近になって、視覚的イメージと視覚的認知とのあいだの、これらの例とは逆の解離を示すめずらしい症例が報告されている。この患者は、さまざまな物体の線画や実物を見せてもなんだかわからないという、画像失認および視覚物体失認を呈していた。また、幾何図形の組み合わせを模写をさせると、個々の要素図形を描き分けることをせずに模写する（図36）。それにもかかわらず、視覚的イメージによって描く自発描画には異常がなく、英国の地図やギターの絵を正確に描くことができる（図36）。しかし、しばらく時間をおいてから自分の描いた絵を見ると、なにを描いたものかをいいあてることができない。この患者は頭部外傷による脳損傷を受けたが、X線CTスキャンでもMRIでも、あきらかな脳損傷が見出されておらず、病態のなりたちについての説明は十分になされていないが、視覚的イメージを担っている神経機構が、目の前にある物体の視覚的認知にかかわる神経機構とは独立したものであるということを示す重要な事実である。

最近注目されている病態に、街並失認と道順障害というものがある。両者とも、よくしっているはずの場所で道に迷ってしまうという共通の症状を示すが、前者は、よくしっている街並の建物や風景を認知できない状態、後者は方角や道順を思い出せなくなると言う点で異なったメカニズムが働いていると考えられている。これらの病態では、それぞれ異なった地理的イメージの想起が障害される。街並失認の場合には、自宅の外観や自宅周囲の風景を思い浮かべることがまったくできなくなるが、異なった地点のあいだの道順や方角を思い出すことは可能である。この場合、右半球または両側半球の海馬傍回付近に病巣が見出される（図37）。これに対し、道順障害では、異なった地点のあいだの道順や方角を思い出すことができなくなり、自宅のなかの部屋の位置関係や、自宅周辺のよくしっている地点までの道順を思い出すことができない。しかし、街並や風景を思い起こすことは容易である。道順障害を生じる病巣部位は、ほとんどの場合右半球側の帯状回後端から楔前部の下部にかけての皮質領域（脳梁膨大後域とよばれる）にある（図37）。これらの病態における地理的イメージのうち、街並失認は、多くの場合顔の認知障害、すなわち相貌失認と共存しているため、街並のイメージというものは視覚的イメージのひとつのモジュールであると考えられるが、道順障害においておかされる、異なった地点間の位置関係や方角にかんする道順のイメージには、かならずしも視覚的なイメージばかりでなく、体性感覚のイメージや手続き記憶などの要素も含まれていると思われ、かなり複雑な内容のものではないかと考えられる。

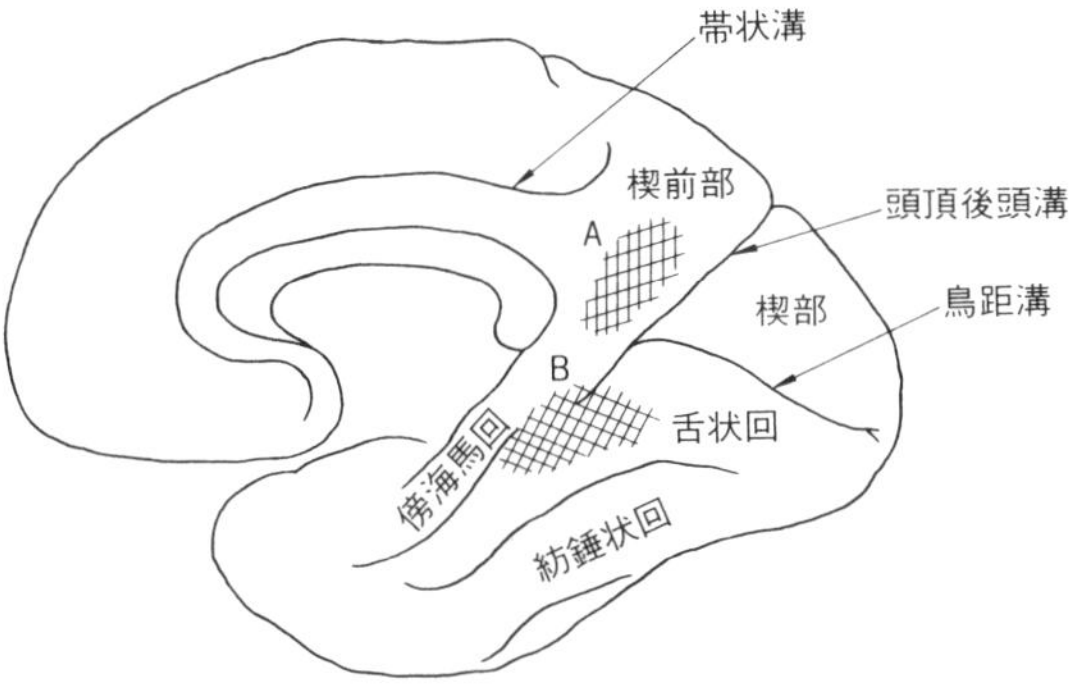

図 37　街並失認と道順障害の病巣部位

A：道順障害の病巣部位　B：街並失認の病巣部位。

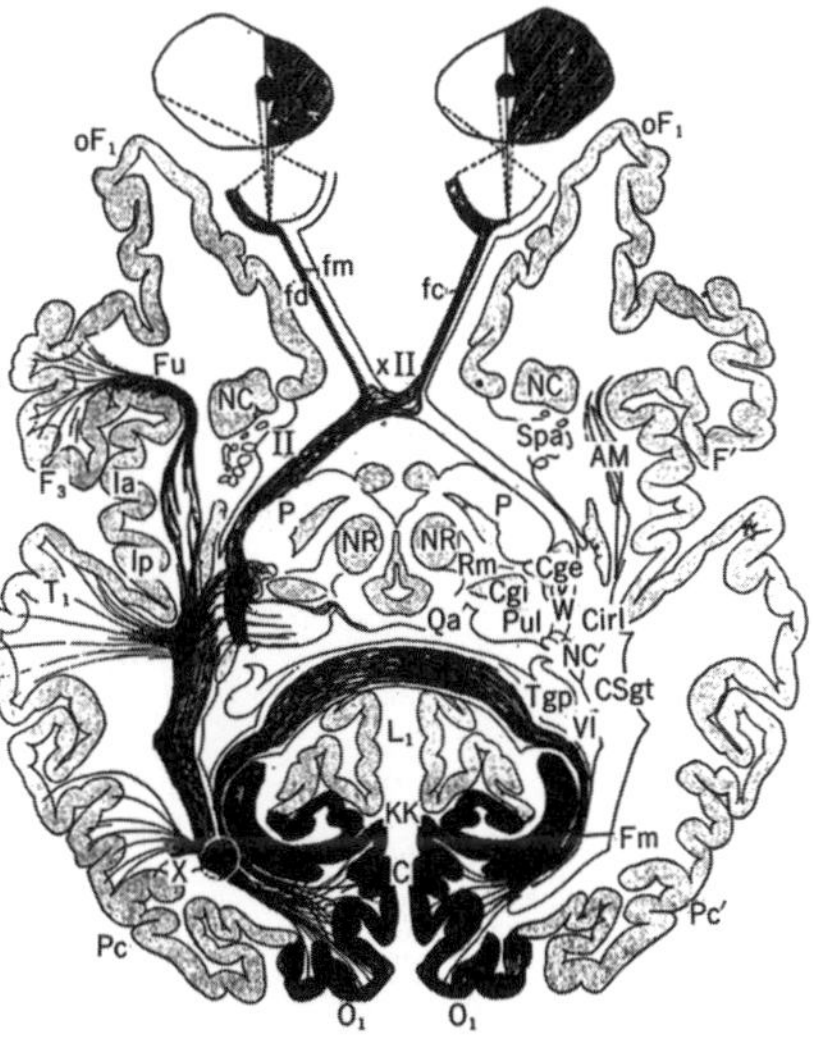

図 38　純粋失読のなりたちを示すデジュリヌの図

X：脳梗塞により損傷を受けた箇所　Pc：左角回。T_1，F_3 はそれぞれ話し言葉の聞きとり，および発話の中枢。

色彩のイメージにかんしては、従来から左後頭様内側面の脳損傷による色覚障害が研究されている。このような病変では、読むことのみがおかされる純粋失読という病態が生じることは、一八九二年のデジュリヌの報告以来、よくしられている。最初の報告者デジュリヌは、色覚異常についてはなにものべていないが、のちにこの病態には色彩呼称障害が合併することが指摘された。純粋失読のなりたちについては、これを視覚領域と左角回のあいだの連絡が断たれたために生ずる現象であると考えるのが一般的である。この考えの元になったのは、文字を読むという過程は、文字の視覚情報を、それによって表記される語の聴覚情報に変換することであり、この変換を営むのは左半球の角回であるという説である。左後頭葉内側面に病変を有する患者では、左半球の一次視覚野が破壊されているために左右の目の右視野からの視覚情報は完全に失われてしまい、あらゆる視覚情報は左視野からのみ、すなわち右半球の視覚領域でのみ受容されることになる。しかし、文字音読にかんする前述の仮説によれば、右半球視覚領域で受容された文字の視覚情報は、左半球の角回に伝達されなければ、文字の形は見えても文字として読むことはできないため、このような患者では文字を読むことができなくなる（図38）。しかし、左半球の言語野や角回そのものには異常がないので、話し言葉は正常に保たれ、文字を書くことにも不自由はない。この説明は、アルファベットにおいてはきわめて合理的であったが、日本語の場合にはかならずしも妥当な説明ではないことが次第にあきらかになってきた。すなわち、仮名語の場合にはたしかに書けるが読めない、という現象がみられるのであるが、漢字語の場合には、読めないだけでなく、しばしば書けないという症状を伴っているのである。今日では、このような漢字を書くことの障害は、漢字の字形の想起障害によるものであると考えられている。しかし欧米の脳科学者たちは、左後頭様内側面損傷における漢字の書字障害という現象の重要性に長いあいだ気づかなかったため、純粋失読という病態は、視覚情報を音声化できないだけのものであると信じてきたのである。これに従い、このような患者でみられる色覚異常も、色名呼称障害とよばれ、色とその色の名前とのあいだの対応が不能なための症状であるとみなされた。色彩にはそれ以外の属性からその名称を想起する手段がないため、色彩を受容した視覚領域から色名を想起する言語野に情報が伝達されないと、色が見えてもその色名をのべることができなくなるはずだと考えられたため、左後頭様内側面損傷による純粋失読に合併する色覚障害は、視覚領域と言語野のあいだの連絡が断たれたための現象であり、色覚そのものの異常ではなく色名呼称障害とよばれるべきものであると考えられた。

しかし、このような患者をよく観察してみると、色彩イメージの障害があるのではないかと思われる場合がある。このような病態を呈した患者では、色カードを見てその色彩の名前をのべる検査では色名をまちがえるが、色盲患者とは異なり、石原式色盲検査ではまったく異常がなく、色彩の異同識別も可能である。すなわち、一見すると色覚そのものには異常がなく、見た色彩とその色彩の名前との対応ができないだけであるかのように思われる。しかし、バナナ、ミカン、ナス、イチゴなどの固有の色彩をもつ物品の線画に色鉛筆で塗り絵をさせると、しばしば適切でない色彩を塗ってしまう。またこれらの固有の色彩をもつ物品名を告げて対応する色カードを選択させても誤答がみられる。すなわち物品と色彩との対応関係にも異常が生じていると考えられた。しかし、これらの物品に対応する固有の色名を口頭で答えさせた場合には、まちがいなく答えることができたので、物品とそれに固有の色名についての知識は保たれていると考えられた。また、色名を告げ、その色彩を有する物品をできるだけたくさんあげるようにと命ずると、このような患者はごくわずかな物品名しか想起できず、イメージがわいてこないと答える。純粋失読における色彩の情報処理について系統的な研究によれば、このような色彩イメージの想起障害や喪失を伴うと考えられる症例の存在が確認されている。これらのことから考えると、左半球の後頭葉内側面損傷の患者では、たんなる色名呼称障害だけでなく色彩イメージにも障害がおよぶと考えられる。このような色彩イメージの障害を伴う純粋失読の病変部位は、色彩認知の皮質領域であるとされた左側のV４野にあたる皮質領域を含んでいるので、色彩イメージは、この領域、あるいはその周辺領域に貯蔵されている可能性が高いと思われる。

(4) 〝見る〟ということ

以上にのべたように、目の網膜に受容された光の入力情報は、大脳皮質の視覚領域から高次連合野へと送られていくにしたがって階層的に処理され、視覚情報が順次抽出されていく。そしてその情報処理機構の根底には、モジュール構造に基づく分業体制があり、大脳皮質の異なった部位で異なったモジュールに属する情報が抽出される仕組みになっている。しかし、分業体制のみでは、部分的な情報の無秩序な集合ばかりとなってしまい、意味ある視覚体験を得ることができなくなってしまう。先にあげたモンドリアンやピカソの絵のなかの世界は、部分情報をいくら寄せ集めてみても、われわれが実際に体験しているような視覚世界にはならないということを示している。いいかえるなら、脳のなかのさまざまな領域において個々のモジュールとして抽出された部分情報は、なんらかの方法によって統合され、脳から見た可視世界の〝実像〟が組み立てられているのである。〝見る〟ということはこのような部分情報の統合過程に対して使用されるべき言葉であろう。たとえば、目の前の右側に黄色いミカンが、左側に緑色のリンゴが見えているとしよう。左右の位置関係を分析する皮質領域と、黄色と緑色の色彩を識別する皮質領域と、そしてミカンとリンゴの形を識別する領域とは、それぞれ別々に情報を抽出している。それらの個々の部分情報が正しく組み合わされないと、右側に黄色いリンゴがあり、左側に緑色のミカンがあるという誤った認識をしてしまう可能性がある。ここにあげただけでも三種類になる異なったモジュールの部分情報は、おそらく網膜上に受容した入力の位置関係を唯一の手がかりとして組み合わされるものと考えられるが、では脳のいったいどこがそのような組み合わせを実行し、その組み合わせが正しいかどうかを判断しているのであろうか。そのような機能が脳のどこかに局在しているとすれば、その場こそ脳における真の〝見る〟領域といえるわけであるが、本当にそのような場所があるのかどうか、それはいまだもってまったくの謎である。脳が〝見る〟ことは確かなことだが、脳のどこで本当に〝見て〟いるのかは、まだわかったとはいえないのである。

第2章　描くということ

1――描くための基本技術

(1) 描画動作

ほとんどの場合、ヒトは手を用いて絵を描くが、手以外の部分を用いて絵を描くこともないわけではない。なんらかの理由で手の機能を失った人びとのなかには、絵筆を口にくわえて絵を描いたり、足で絵を描いたりする人びとがいることはよくしられている。天井から吊った紐にぶら下がり、キャンバスにのせた絵の具を足でこねまわしながら描く画家もいるし、絵の具を塗りたくった体でキャンバスの上を這いずり回った絵描きもいる。また、玩具や生き物に絵の具を引っぱらせて描く方法を使う芸術家もいるかと思えば、飛行機のプロペラで絵の具を吹き飛ばして描いた画家や、絵の具を塗ったキャンバスの上に降るままに任せた雨に描かせた画家もいる。手で描くという場合にも、絵筆を使って描くというやり方だけが絵画の方法ではない。手の用い方はじつにさまざまであり、キャンバスに絵の具を垂らしたり、ふりまいたりするのはいまやめずらしくはないし、立てかけたキャンバスに絵の具の入った袋を投げつけたり、絵の具を塗ったキャンバスにナイフで切れ目を入れる描き方もある。このように、描くという方法の多様性には目を見張るものがあることは事実だが、有史以来続けられてきた描くという行為のほとんどは、二次元平面上における手の運動、それも大多数の場合は右手の運動の軌跡をもってなされてきた。絵筆、ブラシ、ペン、鉛筆、パレットナイフなどを右手で動かして描く、これが絵画を作り出す営みの原点であることには、何人も異論はないだろう。右手の運動の軌跡をもって描く、ということの行為を行うためには、さまざまな基本条件が必要となる。まず描くための道具をもつためには、手指がそれぞれ独立して動くようになっていなければならない。とくに、絵筆やペン、鉛筆をもつとすれば、親指と人差し指とで挟み、中指でこれを支えることができなければならない。親指と他の手指とを、指腹側どうしで対立させることは、高等霊長類においてはじめて可能になったものであるし、中指以下の手指とは独立して、親指と人差し指の運動を営むということも、進化の過程の最後になってようやく得られた能力である。これらの能力を獲得できたのには、手指の骨格、関節などの物理的構造や、これを動かす筋肉の状態などのハードウェアが進化したことが重要ではあるが、それ以上に重要なことは、手指の運動に関与する神経細胞の数が飛躍的に増加したため、ずいぶんこまかい運動も実現できるようになったということである。随意運動の神経機構を論じた書物は少なくないし、それを行うことは本書の目的ではないので、ここでは、描くという行為を理解するために必要最小限の事項の紹介のみに止めたい。

(2) 随意運動のメカニズム

手指の運動を直接支配しているのは、頸髄の前角にある下位運動ニューロンであるが、この下位運動ニューロンに随意運動の指示を送っているのは、前頭葉の最後部の中心前回という皮質領域を中心として拡がっている一次運動野の錐体細胞である。ここには、ベッツ巨大錐体細胞とよばれる大きな神経細胞があり、その軸索突起は脊髄にまで下降して、下位運動ニューロンに直接命令を送っている（図1）。個々のベッツ細胞は、特定の筋肉の収縮に対応しているだけなので、さまざまな手指の運動を実現するためには、異なったいくつかのベッツ細胞が協調的に働いて、これを実現している。したがってベッツ細胞の数が多いほど実現可能な運動のレパートリーが多くなり、より複雑な運動を営むことができるようになる。図2は、ヒトとサルの一次運動野において、手指の運動に関与している領域の広さを比較したものである。これを見れば、ヒトにおける一次運動野の手指の領域が、ほかの領域に比較していかに大きいかがわかる。このように大きくなった一次運動野には、きわめて多数のベッツ細胞が存在しているため、手指のこまかい運動が可能になっているのである。

つぎに問題となるのは、三次元空間のなかで自らの意図するような右手の運動の軌跡を描けるための、随意運動の緻密な制御である。いくら手指のこまかな運動ができたとしても、手指だけでなく、上肢全体の運動を営んでいるたくさんの筋肉が互いにバラバラな運動を営んだの

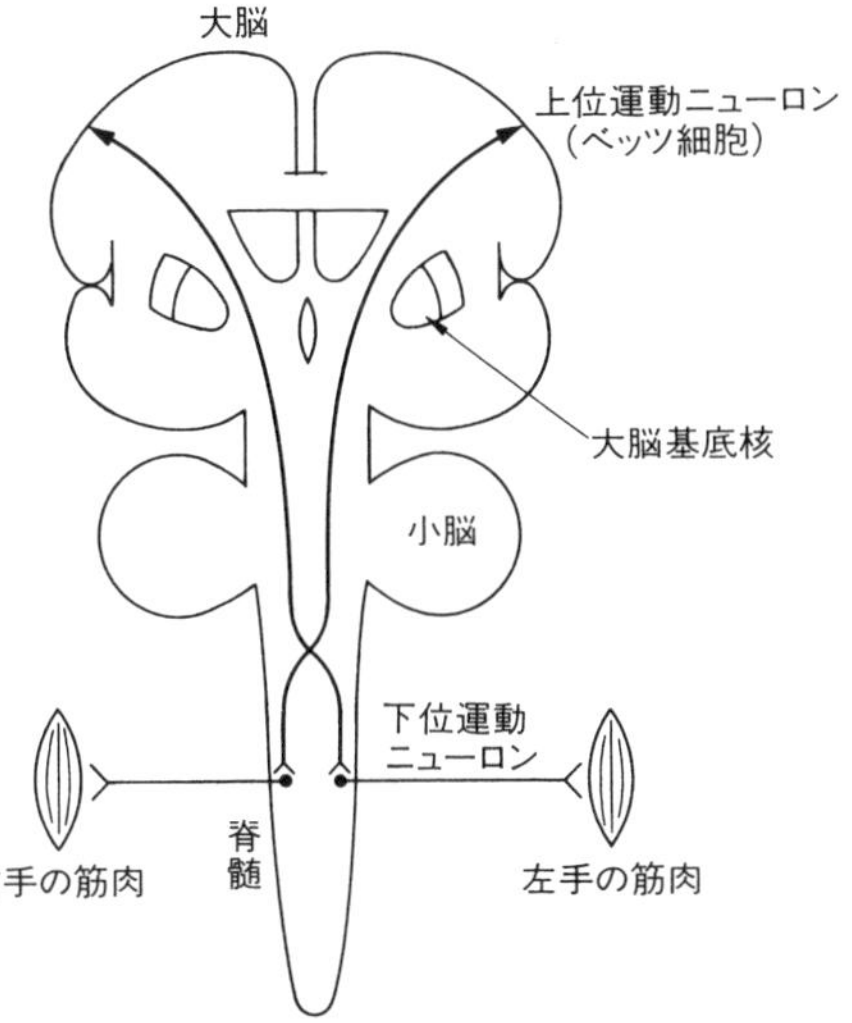

図1　随意運動のニューロン連鎖

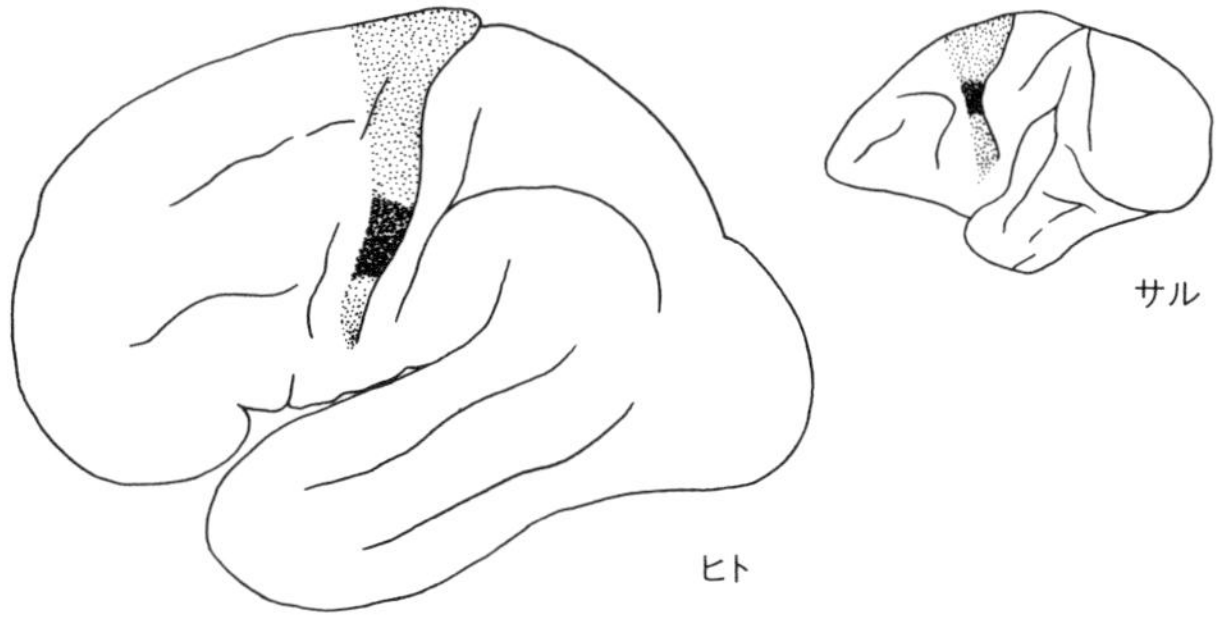

図2　一次運動野（ブロードマンの4野）の広がり

点の部分が一次運動野であり，黒塗り部分は手と手指の領域を示す。

では、意図するような軌跡を描くことはできない。きわめて緻密な運動制御が保証されなくては、絵を描くことはできないのである。この運動制御を実現しているのは、運動連合野と小脳、そして大脳基底核の協調的な働きである。特定の動作を実現するための随意運動において制御すべき内容としては、その動作に動員すべき筋肉と動員してはいけない筋肉の選別、動員すべきそれぞれの筋肉の収縮と弛緩のタイミングの決定、実行中の運動のモニタリングとエラーの修正が重要である。

動員すべき筋肉とそうでない筋肉とを選別しこれを実現するのには、主として運動連合野と大脳基底核が大きな役割を果たしている。運動連合野は、前頭葉の外側部で、一次運動野の前方に広がる運動前野と、前頭葉の内側面にある補足運動野に大別される（図3）。いずれの領域も、複数の筋肉を空間的に選びだし、これらを順序よく収縮させて、目的に応じた動作を営むという役割をもっている。しかし、両者の機能的な意義はまったく同じではないということは、サルの実験によってあきらかにされている。たとえば、押すべきレバーの上のランプを押す順に点灯して、この順番に従ってレバーを押させるというように、外界からの刺激に従って行う動作においては運動前野の神経細胞が作動するのに対し、押すべきレバーのランプを順番に点灯してあらかじめその順番を覚えさせ、ついでその順番の記憶に基づいてレバー押しをさせるというような、記憶に基づいて行われる動作の場合には補足運動野の神経細胞が働く。いいかえれば、運動前野は外界、すなわち環境依存性の動作を組み立てるのに働き、補足運動野は、表象化された運動の記憶に依存した動作を実現するために働いている。

動員すべき筋肉とそうでない筋肉とを選別するときには、大脳基底核（図1）の果たす役割が大きい。大脳基底核の機能障害と考えられる病態にジストニアというものがある。ジストニアでは、なんらかの動作を行う際に、収縮する必要がない筋肉まで動員されてしまうため、目的とする動作が妨害されてしまう。このようなもののなかでもっともよくしられているもののひとつが、書痙である。これは、字を書くという特定の動作においてのみ、このような余計な

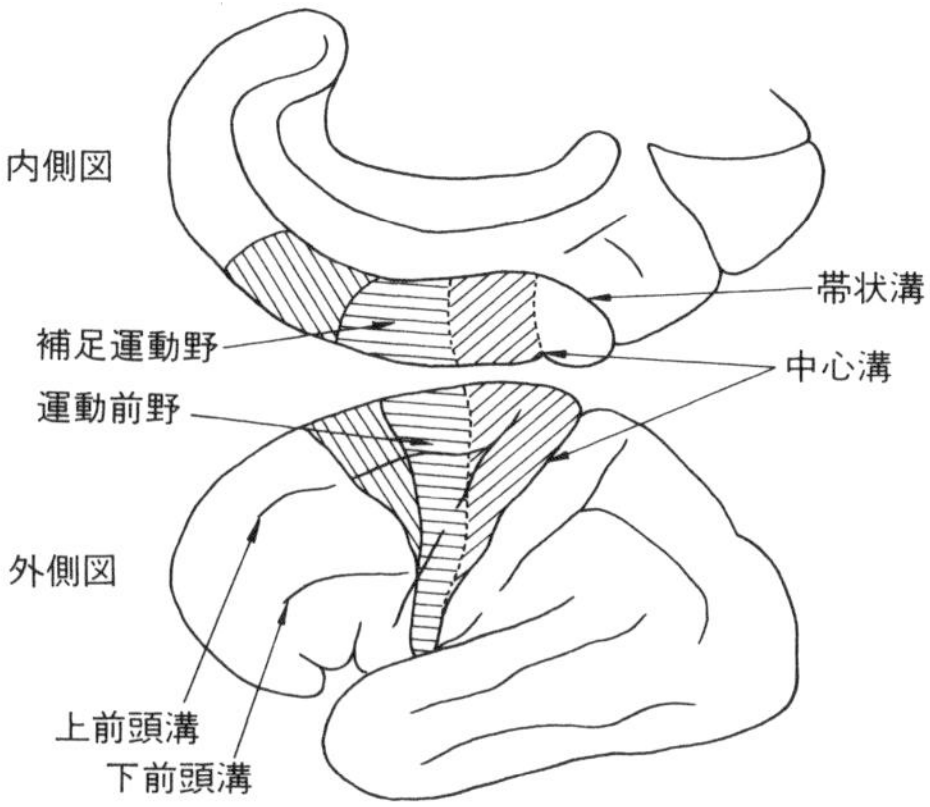

図3　運動連合野

▧部（ブロードマンの8野）と▤部（ブロードマンの6野）をあわせて運動連合野とよぶ。6野の内側面が補足運動野，外側部が運動前野である。▨部は一次運動野。

筋収縮により字を書く上肢全体が固く突っ張ってしまい、字を書くことができなくなってしまうという病態であり、大脳基底核の機能異常によって生じると考えられている。ジストニアは、さまざまな原因による大脳基底核病変で生じるものであり、高度になれば、内容の別なく、あらゆる種類の動作において必要ない筋肉の収縮が起こってしまい、姿勢が異常になって動作が妨げられてしまう。このようなことから考えると、ふだんなにげなく書いたり描いたりするときにも、意識しないあいだに大脳基底核が働いてその目的とする動作に動員すべき筋とそうでないものとを明確に選別していることがわかる。

随意運動の実現において小脳の果たす役割としてもっとも重要なものは、その動作に動員された多数の筋肉の収縮と弛緩のタイミングと収縮の強さを決定することである。この決定過程は、計算論では逆キネマティクスとよばれているが、これは、運動に関与する筋収縮のタイミングと収縮の強さをデータとして、それによって実現される運動の軌道を計算する過程をキネマティクスとよぶのに対し、ちょうどこれと反対の計算過程を行うものであるからである。すなわち、随意的に行うべき運動の軌道が与えられたときに、これを実現するに最適な筋収縮のタイミングと収縮の強さを決定する計算過程が逆キネマティクスである。小脳は、この逆キネマティクスを計算している運動制御系の中心をなしているというのが、最近の考え方である。小脳に障害があると、動作の開始と終了のタイミングに遅れが出てしまい、また、収縮力も不揃いで動作全体がギクシャクしたものになってしまう。

系統発達史上、小脳は三つの部分に分けられる。進化の上でもっとも古い部分は前庭小脳、あるいは古小脳とよばれており、おもに内耳の平衡器官からの入力を受けている。前庭小脳は脊椎動物の進化の最初から存在し、水中での体の平衡保持に関係していた。ヒトの前庭小脳は小さい領域であるが、体幹の姿勢保持にきわめて重要な役割を占めている。脊椎動物が陸上に進出し、体肢で体を支える必要が出てくると、脊髄小脳、あるいは旧小脳とよばれる部分が現れてくる。この領域は、脊髄で受容される体肢の深部感覚情報、すなわち動かしている体肢部分の関節角度や運動方向、運動速度などについての情報を受け、ヒトでは立位保持や、歩行時の平衡保持に重要である。ヒトにおいては、主として左右の小脳半球に挟まれた中間部である小脳虫部が、脊髄小脳に対応している。これらに対し、哺乳類になってから発達してきた小脳半球の大部分を占める新小脳は、古小脳や旧小脳が、主として外界からの感覚情報入力を受けているのに対し、運動連合野を中心とする大脳皮質からの入力を受けているため、大脳小脳ともよばれる。この新小脳が、書いたり描いたりする際の手の運動制御に重要な領域である。小脳は、逆キネマティクスの計算により、動作に参加する筋収縮の作動すべきタイミングと収縮力をあらかじめ計算し、一次運動野が遂行すべき、一連の筋収縮プログラムを前方制御（フィードフォワード・コントロール）している。随意運動の遂行にかんする今日的な考えによれば、新小脳は、運動連合野と一次運動野のあいだに介在し、運動連合野が企図した運動プログラムを遂行前にチェックしているといわれている。

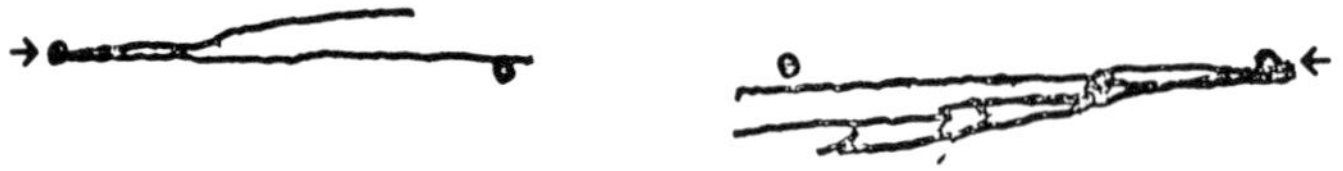

図4　W氏による2点間を直線で結ぶテスト
視覚誘導性の手の運動の障害のためにうまく2点間を結べない。

随意動作においては、動作の結果に従って運動をコントロールするメカニズム、すなわちフィードバック・コントロールも必要である。随意運動のフィードバック・コントロールに必要な入力としては、自分の手がいまどこにあり、どのように動いているかをリアルタイムでしるための深部感覚情報と、自分の手が目的の運動を遂行したかどうかの結果を見るための視覚情報の二種類のものがある。深部感覚情報は主として運動遂行中に生ずる無意識的な運動制御に用いられるが、視覚情報は運動の結果を見ながら意識的に行われる運動制御に必要となる。第1章で紹介したW氏についてのべたように、高次連合野である上頭頂小葉によって営まれる視覚情報によるフィードバック・コントロールは、視覚誘導性の手の運動においてきわめて重要な役割を演じている。このような運動制御が作動しなければ、実際思うように線を引くことさえできない。たとえば図4は、W氏による二つの黒丸を直線で結ぶ課題の成績である。わずか七センチメートル程度離れた二つの点を結ぶ課題でさえうまくできないのは、W氏においては視覚誘導性の手の運動の障害があるためであり、このような状態では、図をトレースすることさえできず、意図するような描画を実現することはたいへん困難となる。しかし、描画動作にはかならずしもフィードバック・コントロールが必要であるというわけではない。もずが羽根を休める木の枝を

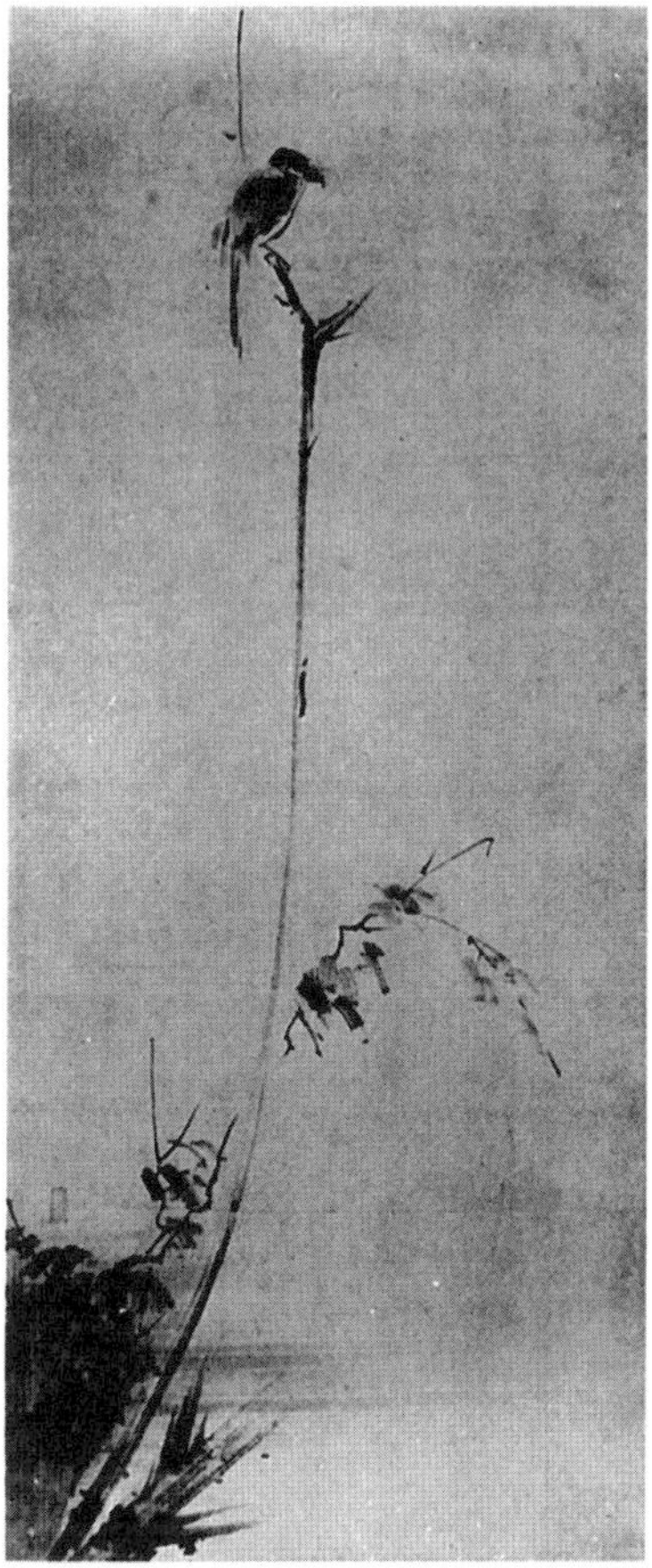

図5　宮本武蔵：枯木鳴鵙図
(和泉市久保惣記念美術館蔵)

描いた宮本武蔵の描画動作のように（図5）、一気呵成に筆を運ぶ、フィードバック・コントロールをほとんど必要としない随意運動の果たす役割も、描画においては同じように重要である。

(3) 行為としての描画

描画動作を実現するにあたっては、以上にのべたような随意動作を実現する機構が必須であるが、随意動作が可能ならばただちに描画が可能になるわけではなく、描画動作を行うためには、描画の行為目標、すなわち描画のための随意動作をどのような行為として実現するかという目標の設定が必要となる。描画を行為として考えた場合、まず模写と自発描画の二つの行為が分けられる。模写は、すでに二次元に描かれているものを模倣再生する行為であり、自発描画は、三次元世界の対象物、あるいはその記憶痕跡に基づいて二次元の描画を作成する行為である。模写はさらに、普通は手本となる図をかたわらに置き、これと自分の描いているものとを見比べながら再生していくという通常の模写と、模写対象をそのままなぞったり、あるいはその上に載せた透明あるいは半透明なシートの上に下の図形を再生するトレースとに分けることができる。一般になぞったりトレースしたりする方が通常の模写より容易であることは、いうまでもない。一方自発描画も、目の前にある対象物を二次元的に描画する写生と、記憶に従って描く自由描画とに分けることができる。これらのそれぞれの行為によって、描画動作の様式は異なっている。まず、模写の場合には、描くべき対象がすでに二次元図形であるため、対象の視覚的分析の必要性は自発描画の場合に比してずっと低くなる。たとえば、輪郭線はすでに与えられており、形もはっきりと捉えられている。輪郭線の位置関係や、色彩や陰影の分布についても模写対象のなかに明示されているとおりに再生すればよい。また、模写すべき対象の空間内での方向や位置、大きさもあらかじめ決定されている。ただ、なぞり描きやトレースの場合には、これらの描画動作の目標となるデータをまったく記憶する必要はないが、通常の模写の場合には、模写対象を見てからこれを再生するに至るあいだに、ごく短時間ではあっても後にのべる作業記憶としていったん脳内に貯蔵する必要が生じてくる。

これに対して、自発描画では、三次元世界の対象物においてまずたくさんの輪郭線を認知し、それらの相互関係を決定するという過程が、描画動作に先立って必要となる。色彩や陰影の分布、描画対象の空間内での方向や位置、大きさが未決定であり、これらを決定しなくては描画動作を始めることができない。また、これらの描画動作前の認知過程で得られたデータのすべてを、作業記憶として脳内に保存しなければならない。このように、行為としての描画を考えると、描画行為に必要な作業記憶とはなにかという問題に出合うことになる。

(4) 描画における作業記憶

作業記憶という概念は、比較的新しく提唱されたものであり、この語を使用する研究者によってその意味する範囲が多少異なっている。一般に記憶とよばれている過程は、その場かぎりで忘れ去られてしまい、たえず刷新されていくべき短期記憶と、ある程度の時間経過のあいだ覚えている長期記憶とに分けられている。たとえば、一〇四番の電話番号調べで教えられた電話番号を頭で覚えておいて、すぐにその番号のところに電話したり、あるいは、忘れないようにとこの電話番号をノートに書き留めておくとする。このような場合、電話がかかった、あるいはノートに番号を控えたとたんに、それまで覚えていたその電話番号の記憶は雲散霧消してしまう。このような場合の記憶は、せいぜい一分間ほどしか保存されない。このような記憶が短期記憶、あるいは即時記憶とよばれるものである。しかし、たまたま一〇四番で教えられた番号にかけたところ相手が話し中で、しかもその場に筆記用具を持ち合わせていなかったとする。このような場合には、頭のなかで何度も教えられた電話番号を繰り返して、つぎにかけるまでなんとかその番号を覚えておこうと努力する。こうすれば長期間にわたって、電話番号を記憶に止めておくことができる。このような場合には、電話番号は長期記憶とよばれる記憶システムに貯蔵されたと考える。すなわち、短期記憶と長期記憶とは、外界から与えられた情報を記憶として保存する時間経過により分けられる記憶貯蔵システムである。

このようにして分類された長期記憶には、さまざまな内容のものがある。最近の記憶研究においては、長期記憶を、その内容に従って陳述的記憶と非陳述的記憶とに二分するのが普通である。陳述的記憶は、その内容を言葉や絵で意識的に明示できる記憶内容のものであり、出来事の記憶と意味記憶とが含まれる。出来事の記憶は、いつどこで、誰がなにをした、というような内容のものであり、『～をおぼえていますか？（Do you remember～?）』という疑問文で尋ねる内容のものであるが、意味記憶は知識とよばれるものであり、『～を知っていますか？（Do you know～?）』という疑問文で尋ねるような内容のものである。一方、水泳の仕方、自転車の乗り方、スポーツの仕方、あるいはさまざまな仕事のこつといったものは、しばしば「体で覚える」と表現されるものであり、言葉や絵をもって記憶内容を伝えることが困難である。こういった記憶内容は非陳述的記憶に属し、手続き記憶とよばれている。手続き記憶の場合には、原則として『～ができますか？（Can you～?）』という疑問文が使われる。非陳述的記憶には、このほかにも条件反射など、さまざまな様式の記憶が含まれる。

先の章でものべたように、作業記憶という概念は、短期記憶や長期記憶というようなものとは質的に異なった概念である。例として、二匹の馬が並んで走っている絵を描くようにと命じられた描き手の場合を考えてみよう。目の前に二匹の馬のモデルがなければ、長期記憶のうち意味記憶として貯蔵されている馬の視覚的記憶を想起したり、あるいは出来事記憶として貯えられている過去に実際に出会った馬の姿を思い浮かべ、描いているあいだ、これらに由来する馬の視覚的イメージを、脳内に保持している必要がある。脳内の長期記憶貯蔵部位に貯えられてきたこれらの視覚的長期記憶は、描くという作業が完結するまでのあいだ、一次的に想起され、その想起された状態を保った状態にあると考えられるが、このような状態にある記憶が、

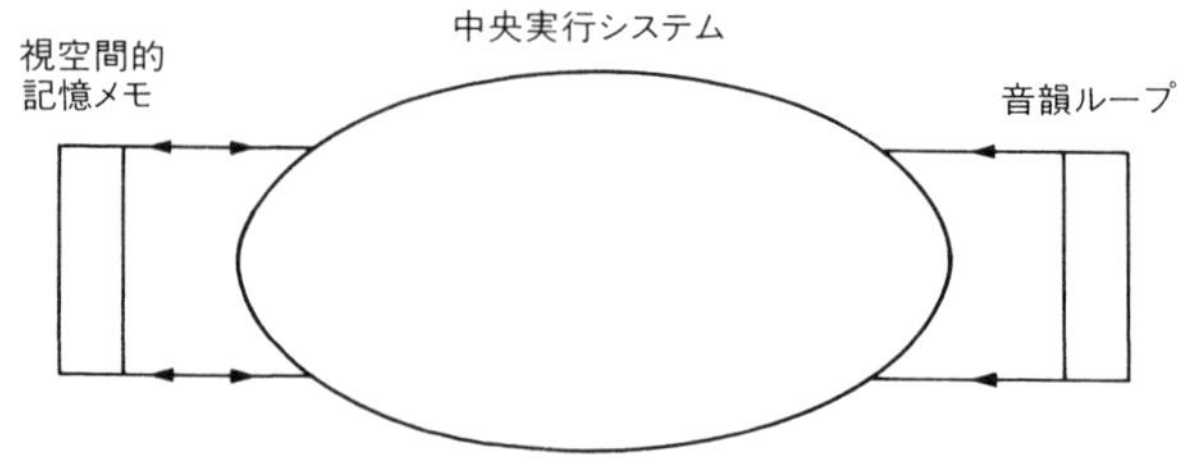

図6　バッドレイらによる作業記憶のモデル（A. バッドレイ，1995 より）

作業記憶とよばれるものである。ここで、実際の馬を観察するために、馬場に写生しに行ったとしよう。目の前を二匹の馬が走り去って行く。この姿を脳裏に刻んだ描き手は、走り去った馬の姿をただちにクロッキーに止めようとする。この場合には、外界からの視覚情報の短期記憶が、クロッキーを描くという行為の実行されているあいだ保持されていなくてはならない。すなわち、視覚的短期記憶もまた、作業記憶として動員され得るものである。このように、作業記憶というものは、脳内に貯えられている長期記憶の記憶痕跡や、外界からの感覚情報の短期記憶などを、一定の精神作業を営むあいだだけ必要に応じて保持している機構である。

作業記憶という概念をモデル化したバッドレイは、作業記憶の中心的な役割を担うものを中央実行システムとよんでおり（図6）、外界からの感覚情報の短期記憶は、これに従属する二つの系を介して中央実行システムにつながる。そのひとつは、音韻ループとよばれ、電話番号を記憶する場合のような言語的短期記憶に対応するものであり、もうひとつは、脳裏に残った疾走する馬の姿を記憶する場合のような視覚的短期記憶に対応する視空間的記憶メモである。描画という行為においては、主として後者の視空間的記憶メモを介して中央実行システムが作動しているはずである。すなわち、ここには描くという行為のために必要な神経機構が存在していると考えられるが、中央実行システムや視空間的記憶メモがいったいどのような神経機構に対応しているのかということについては、あまりよくわかっていない。描画においてはほとんど関与していないと思われるが、音韻ループから中央実行システムへのアクセスの場については、左下頭頂小葉、とくに左縁上回付近が重要であると考えられている。これは、伝導失語とよばれる型の失語症の研究からわかってきた。伝導失語では、単語の復唱や物品呼称に際して音韻性錯語とよばれる語音の誤りが観察され、目標単語の音節数が多いほど、この誤りが増える。しかし、言語理解は障害されず、自発発話も流暢である。また、たとえば、「時計」という単語を復唱しようとして、「と、とせ、とて、とけ、とけく、とけい」といったふうに、自己修正を繰り返しつつ、目標語の語頭音から次第に正しい語音列に近づく、接近反応という特徴的な現象が見られる。この現象は、復唱の目標となる単語の語音列（先の例においては「と・け・い」）の短期記憶は音韻ループによって形成されても、これを中央実行システムに送り込んで復唱という行為を実現することができないために生ずると考えられる。伝導失語を生ずる脳病変は、左縁上回を中心とする左下頭頂小葉にあるため、この領域が音韻ループと中央実行システムとの連結点であろうと考えられるのである。

描画の障害を示す病態のなかに、伝導失語と類似の障害を示す場合が存在するかどうかを検討してみると、正方形のモデルをトレースはできても、モデルを見ながら模写することはできないという病態がまれに見出される。大動脈弁上部狭窄症という先天奇形を生ずるウィリアムズ症候群という疾患では、知能低下がおこることが多いが、この疾患の患者では、言語能力に比して図形の模写能力がきわめて低いものが多い。そのような患者のなかには、模写はできないが目標図形をトレースすることはできる患者がいる。このような患者では、描画動作を実現する運動系には異常がないと考えられ、視覚的認知能力にはなんらの障害も見られない。したがって、このような患者の脳においては、視空間的記憶メモから中央実行システムへの情報伝達がうまく行われないのではないかと推測できる。ウィリアムズ症候群では、七番染色体長腕の一部に欠損のあることがわかっているが、脳病変の詳細についてはまだ不明であり、どのような脳損傷によってこのような現象が生じているのかはあきらかでない。脳のＭＲＩを検索したウィリアムズ症候群患者でも、あきらかな異常は見出されてはいない。

2—描画の脳機構

(1) 視覚構成障害

頭頂葉に病変を生ずると、しばしば図形の模写がうまくできなくなる。このような場合、要素的な運動障害が見られず、見たものがなにかということも理解できれば、図形の視覚的構成能力に障害があるものと考えられ、視覚構成障害とよばれている。この病態は、かつては構成失行とよばれており、失行、すなわち行為の障害であると理解されていたのであるが、かならずしも描画行為の障害のみを意味するものではなく、先にのべたような空間視の障害による認知レベルの障害によって生ずる部分もあることがわかってきたため、構成失行という用語はすたれ、視覚構成障害とよばれるようになった。しかし、どのような用語で表現されようと、脳には模写するという機能が備わっていることだけは事実であり、そのような模写機能の障害は、主として頭頂葉病変で生じる。先に第1章で紹介したように、両側頭頂葉損傷を生じたW氏にマルタ十字の模写を命ずると、直行する縦横の線分を一二本描いた。よく観察してみると、たしかにモデルのマルタ十字は直行する一二本の線分からなっている。W氏では、モデル図に対するそこまでの分析はできているのであるが、それ以上の情報処理過程は行われず、正しい模

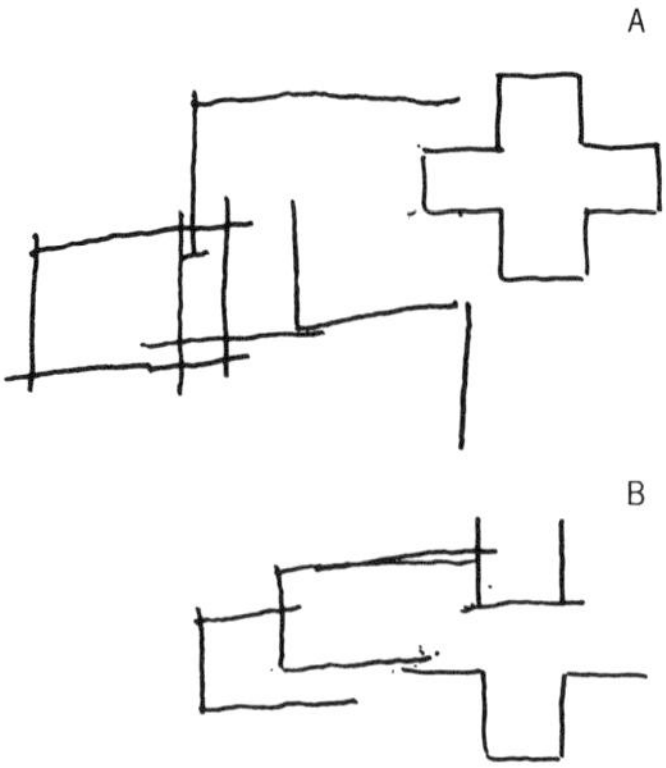

図7　W 氏のマルタ十字の模写（A）と未完成マルタ十字の完成課題（B）

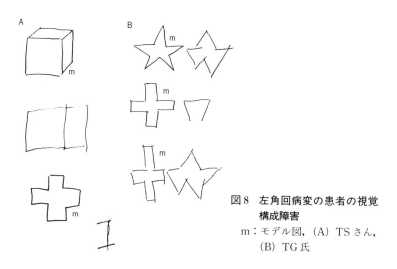

図8　左角回病変の患者の視覚構成障害
m：モデル図，（A）TS さん，（B）TG 氏

写を行うことができない。そこで、モデル図とともに、モデル図の一部分のみを書き残した未完成図を与え、これを完成するように命じてみると、欠けている部分とよく似た形態のものを描き加えようとするが、正しい位置関係に置くことができず、模写に失敗してしまう（図7）。このようなことから、W氏では高度の視覚構成障害があることがわかるが、先にものべたように、W氏では、両側の上頭頂小葉に向かう線維束の破壊による空間視情報処理障害があきらかであるため、この視覚構成障害は、描画行為の段階の障害によるものというよりは、空間視の認知レベルにおける障害によるものと考えることができる。

図8に示したのは、左半球側の下頭頂小葉、とくに左角回に脳梗塞を生じた患者のTSさんとTG氏にみられた視覚構成障害の例である。これらの患者では、空間視にかんする認知障害の要素はほとんどないのが普通であるため、描画行為レベル、すなわち描画における出力側での障害があると思われる。このような患者では、認知レベルの障害を有するW氏などと違って、模写に費やす描画行為における動作そのものが著明に減少する。たとえば同じマルタ十字の模写課題において、W氏は一二本の線分を描いているが、TSさんもTG氏も、わずかに三本の線分を引いたにすぎず、W氏のようになんとか目標の形態に近い模写を行おうとする態度が見られない。左半球の下頭頂小葉は、昔から読み書きの能力に関係する領域としてしられており、とくにその上端にあたる頭頂間溝（図9）付近の病変では、頭頂葉性純粋失書といって、文字だけが選択的に書けなくなるという現象が出現することがしられているが、この病態では、図

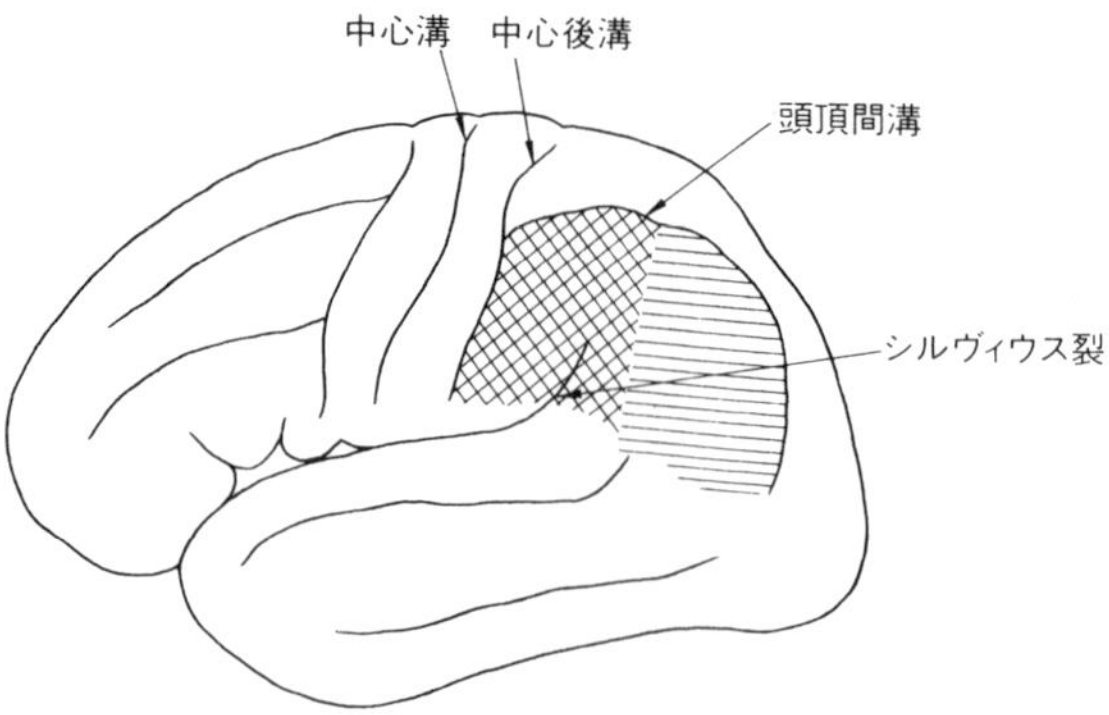

図 9　頭頂間溝と下頭頂小葉

下頭頂小葉は，縁上回（格子部）と角回（横線部）からなっている。

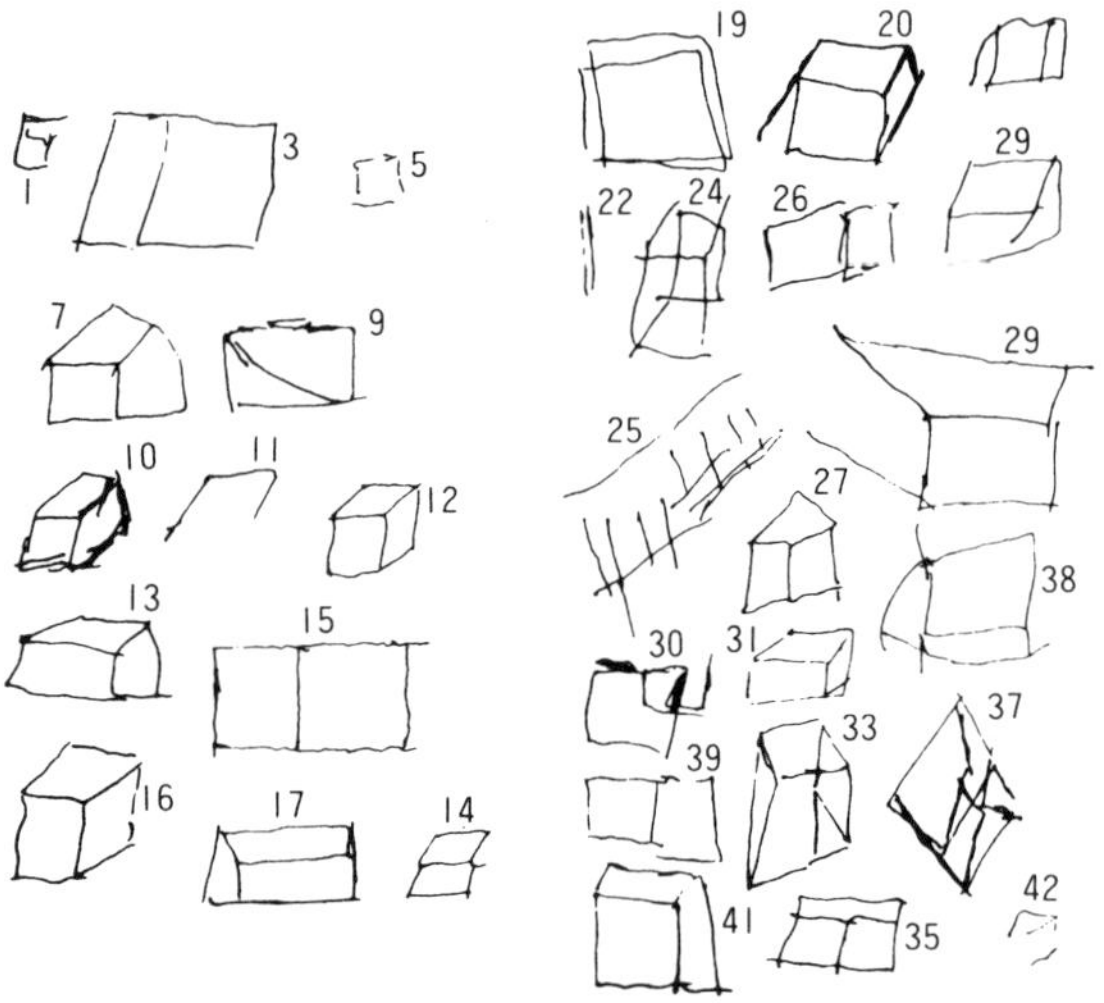

図 10　左半球損傷患者（左）と右半球損傷患者（右）による立方体の模写(M. ピアシーら，1960 より)

形の模写はおかされないのが普通である。したがって、模写能力と関係する大脳皮質領域としては、この領域以外の下頭頂小葉皮質域がその責任病変であるのではないかと考えられる。

(2) 視覚構成障害の半球側差

視覚構成障害による図形の模写障害は、左半球頭頂葉の損傷だけではなく右半球の相同領域の損傷によっても生ずることがしられている。しかし、左半球病変の場合と、右半球病変の場合とでは、同じ視覚構成障害でもその性状が異なっていることが指摘されてきた。図10は、左右半球損傷による視覚構成障害を系統的に比較したピアシーらの発表したものであり、左半分は左半球損傷患者の、右半分は右半球損傷患者の描いた立方体の模写である。左半球損傷患者では、先にものべたように描画の線の数が少なく、立体感のない展開図的な描画となっているが、描かれた図形の形は比較的整っている。右半球損傷患者の描画では、線の数は多いが、描かれた図形の形は斜めに歪んでおり、かつ図の左端の線が脱落している。彼らは、左半球損傷患者の視覚構成障害は、模写の企画段階の障害であり、右半球損傷患者の模写障害は、視空間情報の処理障害であると考えた。これらのことから、図形の模写のような視覚構成課題を行うときには、左右大脳半球の頭頂葉が果たす役割は異なっており、左半球側は視覚構成の企画に携わり、右半球側は視空間情報処理を受けもっていると考えられるに至った。

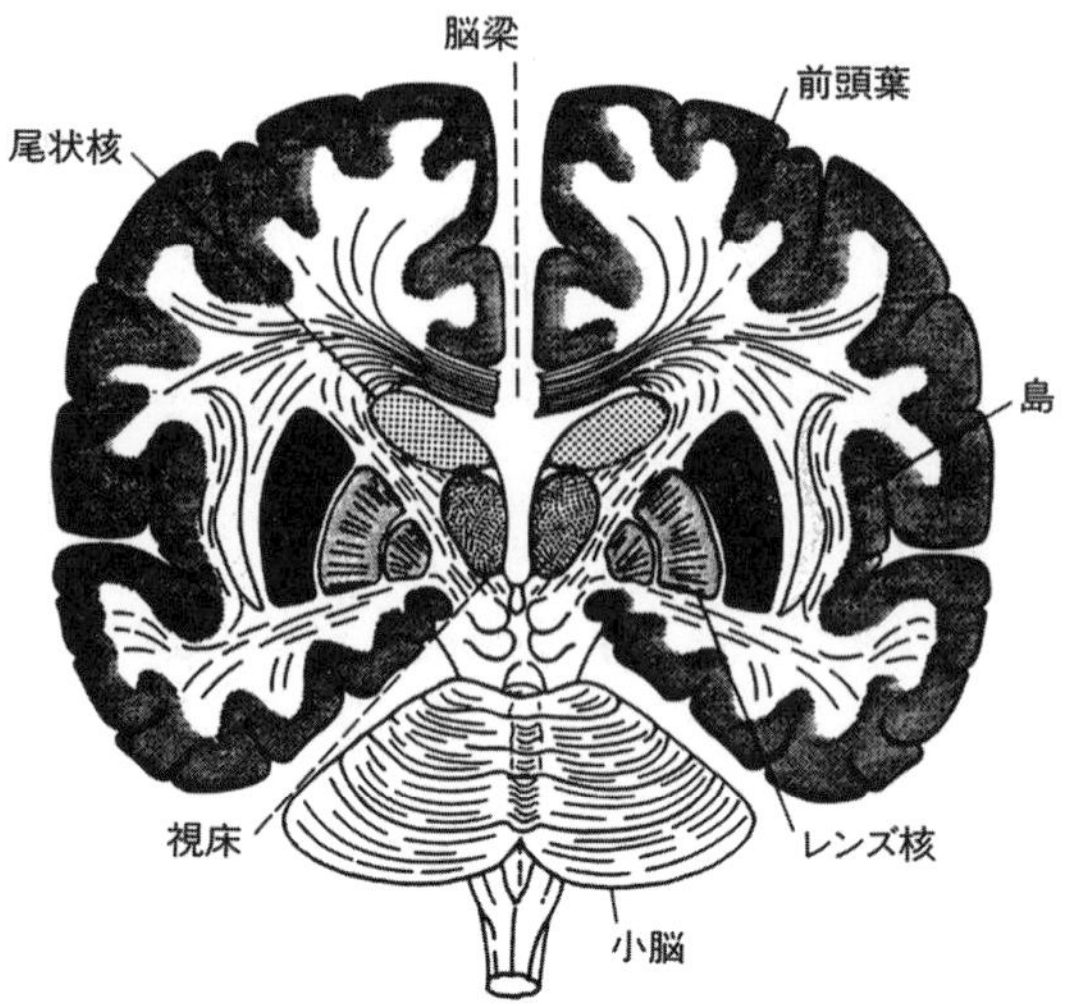

図11　脳梁と切断脳

大脳半球を連絡する線維路である脳梁の切断のみが行われ，大脳皮質はおかされない状態が切断脳である。

(3)　切断脳患者における観察

視覚構成における左右半球の役割の差を検討するにあたっては、切断脳患者における一連の研究の成果をのべておく必要がある。切断脳というのは、左右の大脳半球そのものには損傷がないが、脳梁の離断によって左右半球間の連絡が失われた状態のことである。脳梁（図11）は無数の神経線維が集合した構造であり、これらの神経線維は、交連線維といって左右の大脳皮質間を連絡するケーブルの役割を担っているものである。脳梁の線維のほとんどは、左右大脳半球のほぼ対称部位を連絡していると考えられており、左右大脳半球皮質間の情報交換に役立っている。すなわち、左右どちらかの大脳皮質の一部に生じた神経活動は、この脳梁線維によってただちに反対側の相同部位に伝えられ、左右半球はつねに同じ情報を共有することができるという仕組みになっている。しかし、一方ではこのような仕組みがあるために、たとえば片側の大脳半球にてんかん発作の異常神経活動が生ずると、ただちに両側半球にその異常神経活動が波及し、意識消失や全身けいれんを生じてしまうことになる。このようなことから、もし脳梁線維がなければ、てんかん発作の異常神経活動は片側半球内にしか拡がらないために、意識は保たれるし、けいれん発作も半身のみに止まると考えられたため、薬物治療ではどうしても発作をおさえることができない難治性てんかんの治療を目的として、脳梁の外科的切断が行われるようになった。わが国ではてんかん治療のための脳梁切断術は一般的には行われていないが、米国ではとくにこの手術がさかんに行われ、よい治療成績があげられている。これ以外の場合でも、脳梁そのものに腫瘍や血管奇形が生じたりする場合には、その治療のために脳梁を切断せざるをえない場合があり、また、第三脳室などの脳梁の下に生じた腫瘍を摘出する場合にも、やむをえず脳梁切断が行われることがある。また、脳梗塞や出血、外傷、アルコール中毒などのために、脳梁のみが破壊されるような場合もある。これらのさまざまな原因により、脳梁線維が切断された状態すべてが、切断脳とよばれる状態である。

切断脳では、脳梁が切断されても、大脳半球皮質そのものには直接侵襲が加えられていないため、日常生活では術前、あるいは病前と比べてなんらの神経症状も生じないが、実験的な条件下で高次大脳機能を調べると、さまざまな異常所見を観察することができる。たとえば、切断脳患者は、右視野内に提示された文字を読むことは容易にできるが、左視野内に提示された文字を読むことはできない。先述のように、ヒトにおいては、左右の各眼球網膜から大脳皮質の視覚領域に至る経路は、網膜鼻側部からの線維は視交叉で反対側に交差するが、網膜耳側部からの線維は交差せず、同じ側の半球に到達する。このような構造のため、左右どちらの眼球網膜に由来する視覚情報であっても、左視野からの視覚情報は右半球へ、右視野に由来する情報は左半球視覚領域に到達する。この原則に従えば、左右のいずれかの視野のみに視覚刺激を提示すれば、どちらか一方の大脳半球の視覚領域のみに視覚情報が与えられることになる。ヒトの言語機能を司る言語領域は、普通は左半球のみに存在するため、右視野、すなわち左半球にて受容した文字の視覚情報は言語領域に送られ、読みとることができるが、右半球に対応する左視野に提示された文字の視覚情報は、右半球視覚領域で正常に受容されはするが、脳梁が切断されていると左半球の言語領域にはこの情報が到達できないため、文字が見えていても、これを読むことはできないのである。しかし、日常生活では、左視野だけで文字を見るということはないため、このような切断脳患者でも日常生活において読みの障害を自覚することはない。左右の視野を別々に刺激するというような実験的な条件の下においてのみ、言語能力を有していない右半球の無力さが観察されるということになるわけである。

切断脳患者において左右半球の視覚構成能力の差を検討するという研究は、米国カリフォルニア工科大学のスペリー、ガザニガ、ボーゲンらによってなされた。彼らはてんかん治療のために脳梁切断が行われた切断脳患者において、左右の手で別々に図形の模写を行わせた。右手で模写をする場合、描画行為を営むのは左半球であるが、切断脳患者では脳梁線維が断たれているために、右半球からの情報は描画行為を行っている左半球には伝えられない。このため、右手のみで模写する場合には、左半球の模写能力を観察できることになる。逆に、左手のみで模写を行えば、右半球の模写能力を見ることが可能となる。脳梁の線維が保たれている正常者の場合には、左右大脳半球はそれぞれの半球が営む活動を自由に伝え合うことができるため、たとえ片手だけで模写を行わせても、左右どちら側の大脳半球もこの行為に関与してくるため、片側半球のみの描画能力を調べるということはできないが、切断脳患者ではこれが可能となるのである。このようにして行われた模写が図12である。患者は右手利きであり、かつ左手の運動失行も伴っているために、左手の描画能力は巧みさにおいて右手より劣ってはいるが、模写能力においては左手の方が右手よりまさっている。すなわち、左右各半球の模写能力を比較してみると、右半球の方が優れているという結果であった。

ル・ドゥーらは、切断脳患者においてこの点をさらに詳細に検討した。彼らは、てんかん治療のための脳梁切断患者において、まず左右の視野に知能検査で用いる積み木図形のパターン模様を提示し、これと同じパターンを手元のサンプルから選択するというパターン認知能力に

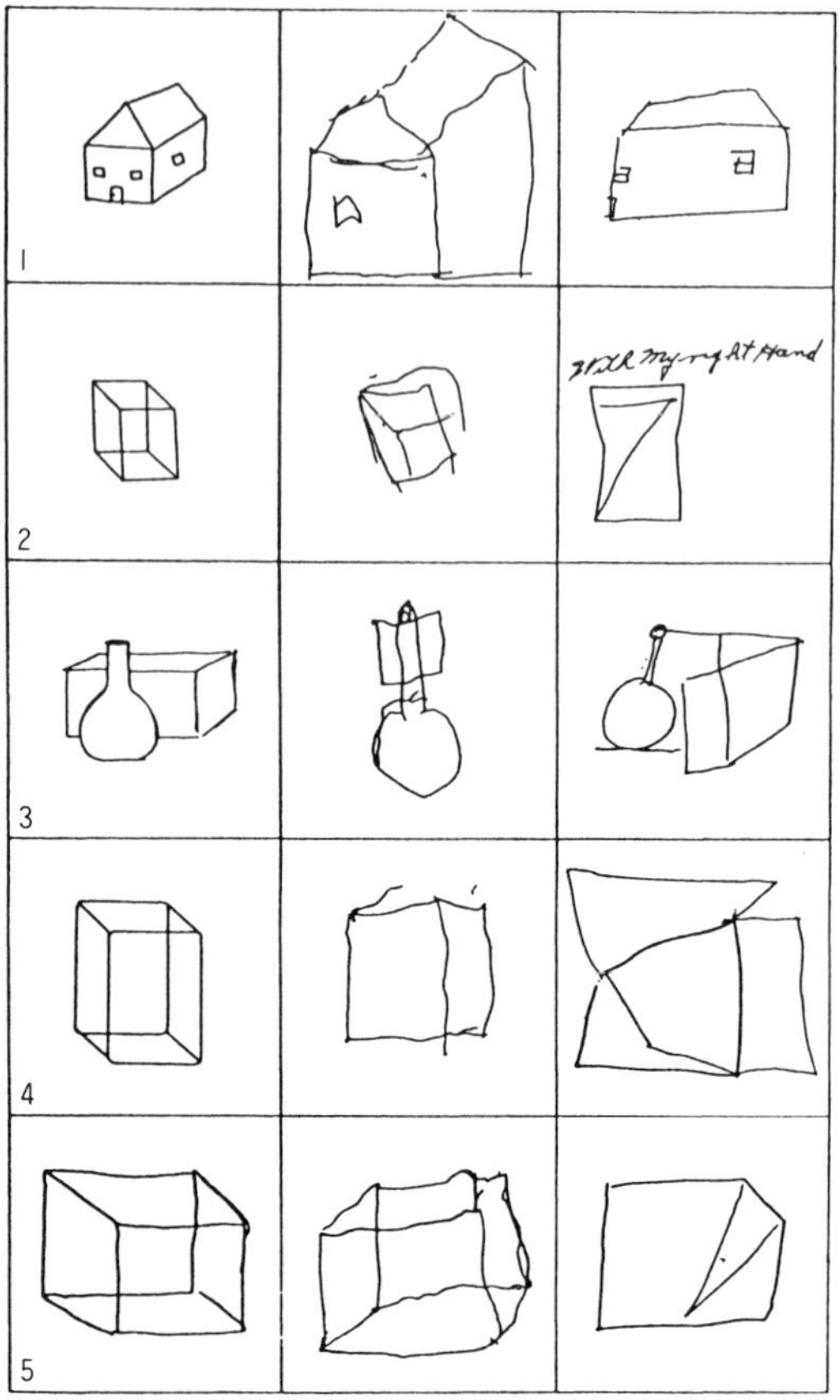

図 12　切断脳患者の図形模写（M. S. ガザニガら，1965 より）
左列はモデル図，中列は左手，右列は右手による模写。

ついて調べたところ、左視野に提示したのと同じ図形を左手で選択する、すなわち右半球のみでこの課題を遂行する場合の成績と、右視野提示のパターンを右手で選択するという左半球による課題遂行能力とのあいだには大きな差がないことがあきらかになった。しかし、今度は図形パターンの提示は同じように行いながら、片方の手だけで積み木を実際に組み上げて同じ図形パターンを構成する課題を行わせると、左視野提示のパターンの左手による構成、すなわち右半球のパターン構成課題遂行の成績は、右視野提示下に右手を使って積み木パターンを構成する左半球による課題遂行の場合より良好であった。同様の結果は、腫瘍摘出手術のために脳梁後端の切断が行われた患者に対する杉下らの実験でも確認されている。すなわち、パターン模様の視覚的認知の能力には左右半球の差はないが、これを視覚的に構成する能力は、左半球より右半球の方が優れているといえる(図13)。しかしこのことは、視覚構成能力が右半球のみに存在するということを意味するものではないのである。

脳梁の血管奇形の手術のために脳梁の後方部分が切断された患者に、同様の図形模写を行ってみてもらったところ、左右いずれの手の模写も不完全であったが、この患者における模写の誤りをよく観察すると、きわめて興味あることに、右手の模写における誤りと左手の模写における誤りとでは質的な差があることがわかった(図14)。右手の模写の場合には、右半球損傷患者に見られるような図形の斜めのゆがみと左側の省略が見られ、左手の模写では左半球損傷患者における視覚構成障害とよく似た、左右対称な展開図のような図形を描いている。右手で

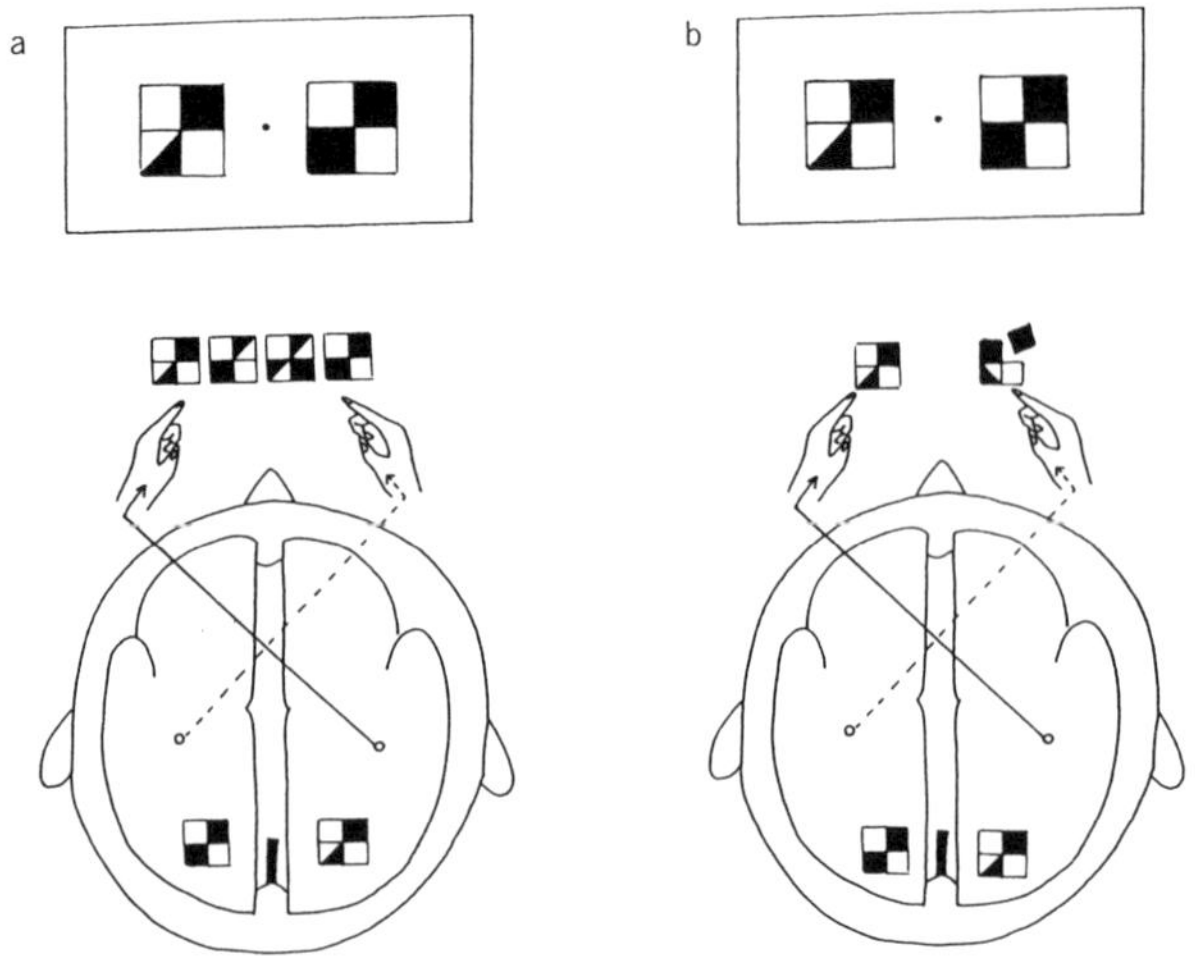

図 13　切断脳患者のパターン認知（a）とパターン構成（b）のテスト

パターン認知能力には左右半球間に差がないが，パターン構成能力は右半球の方が左半球より優れている。

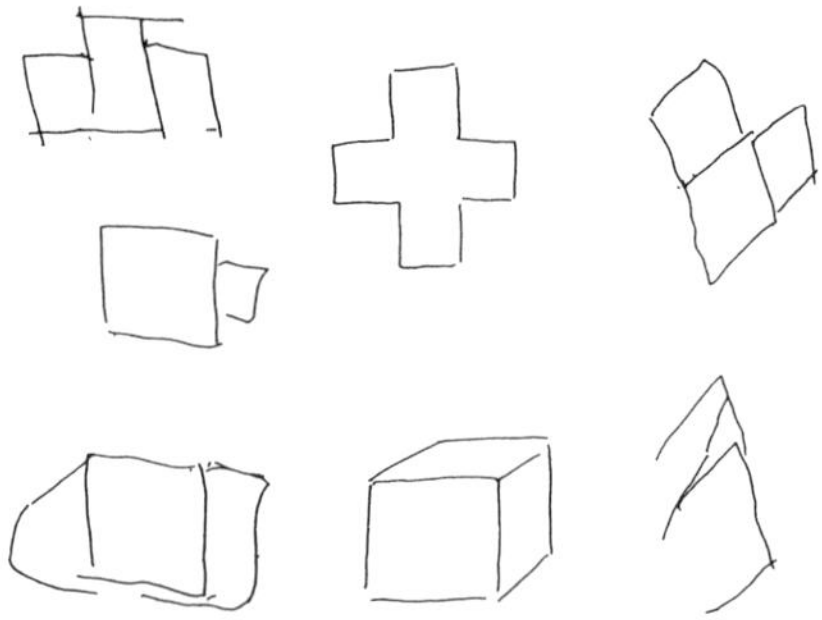

図 14　脳梁後部切断患者のマルタ十字と立方体の模写

中列はモデル図，左列は左手，右列は右手による模写。

模写を行う場合、描画を行うのは主として左半球であるが、この患者では大脳半球後半部の皮質間連絡が断たれてしまっているため、左半球は右頭頂葉からの情報を失ってしまい、右手での模写はあたかも右半球損傷患者と同じような誤りを示すと考えられる。これに対し、左半球の能力を利用できなくなった右半球が行う左手の模写は、左半球損傷患者とよく似た視覚構成障害を示すことになる。すなわち、左右半球間に模写能力の優劣があるにしても、少なくともこの患者においては、右半球のみが模写の能力を有するというわけではなく、左右半球の共同作業によってはじめて十分な模写能力を発揮することが可能であると考えた方がよいように思われる。

しかし一方では、同様の病気のために脳梁のほとんどが切断された患者でも、左右どちらの手の模写能力にもまったく異常の見られなかったものも多い。このような患者においては、左右それぞれの大脳半球に十分な模写能力があったと考えられる。このように、左右の大脳半球がどの程度の模写能力をもっているかということには、かなり個人差があるようで、マルタ十字や立方体のような比較的かんたんな図形の模写にかぎっても、どちらか一方の半球のみでこれが可能な人と、両側の半球の共同作業でなければできない人とがあるのかもしれない。

(4) 描画能力の半球間側差

ガザニガらは、第三脳室腫瘍摘出のために脳梁後半の切断が行われた患者において、模写で

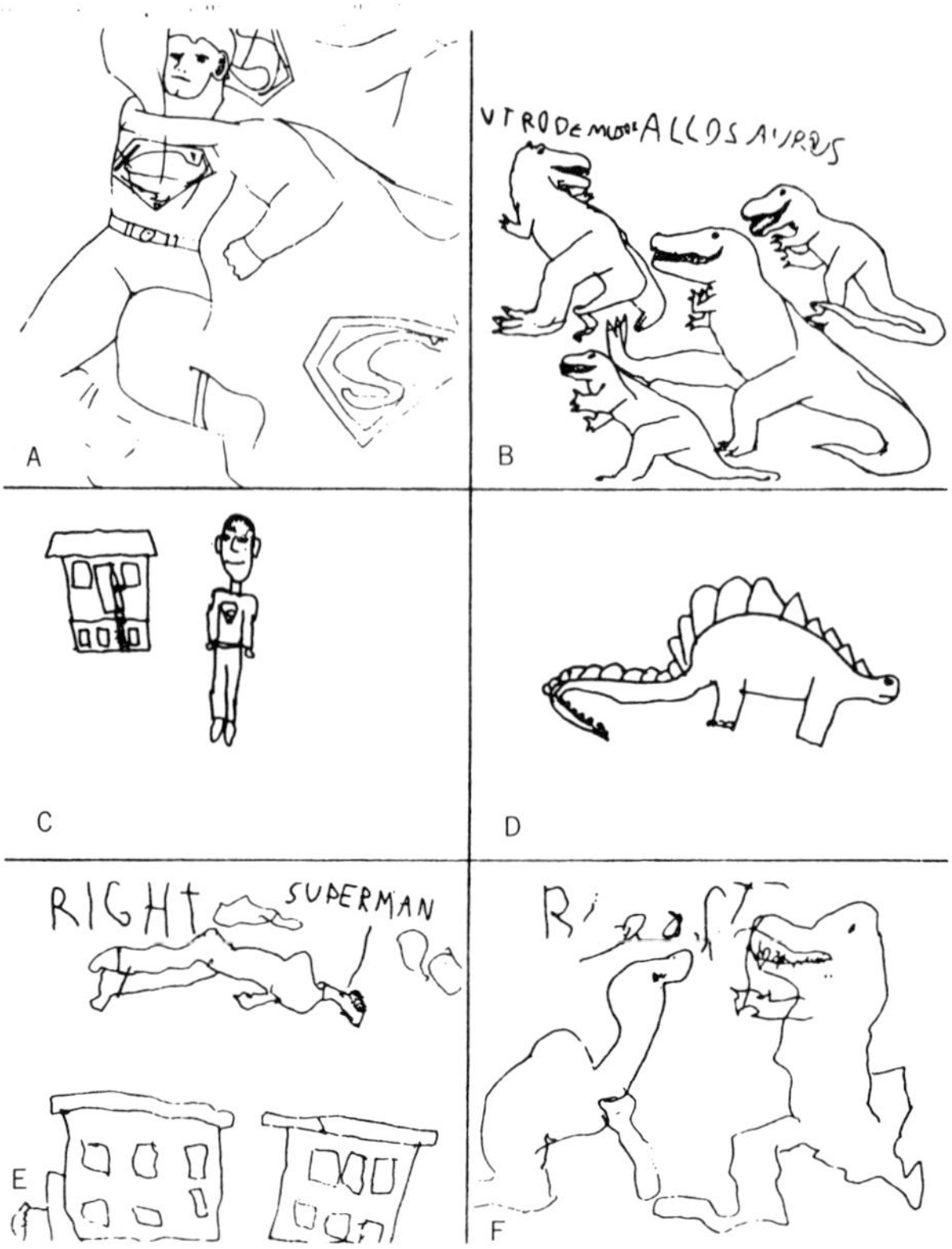

図 15　脳梁後部切断による自発描画の変化（M. S. ガザニガら，1973 より）

（A）（B）術前の左手による描画，（C）（D）術後の左手による描画，（E）（F）術後の右手による描画。

図16　右半球損傷を受けた画家コリントの自画像
左：病前，右：病後。

はなく自発描画の変化を観察した。この患者は完全な左手利きであり、言語能力も正常とは反対の右半球側にあると考えられたが、脳梁切断手術前に、利き手である左手で描いた絵と、術後に左手で描いた絵とを比較すると、術後はあきらかに描画が下手になっていた（図15）。この患者は、スーパーマンと恐竜を描くのを得意としており、術前にはこれらの主題をきわめてダイナミックに描くことができたが、術後に描いた同じ主題の絵は、平面的で稚拙になっていた。これに対して、それまで描画には使ったことのない右手では、左手よりもずっとダイナミックな絵を描くことができた。彼らによれば、これは言語機能において優位な側の大脳半球（通常は左半球だが、この患者では右半球であった）よりも、言語機能における劣位半球（通常は右半球だが、この患者では左半球であった）の方が、描画能力においてより優れているということを示すものであるという。しかし、この患者においても、術前の左手の描画に比べると術後の右手の描画はあきらかに下手であり、この患者における術前の描画の能力も、劣位半球のみの営みであったとは考えにくいように思われる。この患者においても、やはり術前の描画能力は左右大脳半球の共同作業によって保たれていたと考えた方がよいのではないだろうか。

ここに、描画においてはつねに両側半球の共同作業が必要だとはいいきることのできない、きわめて興味ある事実がある。一九一一年、著明な画家として活躍していた五三歳のドイツ人の画家コリントは、脳卒中になり右半球損傷を受け、左半身不随に陥ってしまった。彼は病気から回復すると、ふたたび描き出したが、この出来事を境にして、彼の描画法は極端に変化した（図16）。病前の整った伝統的な描画法で描かれた自画像にくらべ、病後の自画像は、いずれも描かれた形態に独特の歪みがあり、病前よりもはるかに深く力強い印象を与える。彼の病後の絵画における形態の歪みは、後にのべるような左半側空間無視によるものであるとの説もあるが、彼の絵画にはそのような大脳機能の欠落を感じさせることのない、独創的な描画法がある。事実、彼が病後に描いた絵画は、病前に描かれたものを凌ぐ評価を受けたという。したがって、少なくともこの画家の場合には、劣位半球の一部を失ってからの方が、よりダイナミックな絵画を描いているようであり、先にのべたガザニガらの患者とは異なって、優位半球の方がよりダイナミックな描画能力を有していたといえるのではないかと考えられる。

このようなことから考えると、描画という行為において右半球の方が左半球より優れているとかんたんに結論することはできない。局所脳損傷患者と切断脳患者における観察のいずれの面から見ても、言語機能においては劣位にある半球側（通常は右半球側）の方が、模写においても、自発描画においても、その能力においてまさっていることが多いのは事実であろうが、これらの描画行為が、どちらも劣位半球のみで営まれていると考えるのは短絡的にすぎるし、個人差というものも考慮しなくてはならない。左右の大脳半球には、それぞれ得意とする情報処理様式があり、ヒトは、これらを適宜、縦横無尽《じゅうおうむじん》に使いこなしていると考えられる。

3—構図

(1) 描画における部分と全体

どのようにして描き始めるかということは、描画においてたいへんに重要な問題である。通常の画家のやり方は、キャンバス上にだいたいの構図を定めてから、そのなかのひとつひとつの部分のディーテイルを描いていく。すなわち、キャンバスの上では、描こうとする対象の空間的な配置がまず重要であり、その配置が定められた後に、はじめてその対象の形や色が決定されていくものである。画家の脳のなかでは、空間的な配置の決定の前段階ですでに対象の形や色が決定されていたにせよ、実際の描画行為においては、ほとんどの場合に空間的配置、すなわち構図が先行する。また、描画を学ぶ人びとはしばしば古典の模写を行うが、ここで学ばれる最大のものは構図法である。

高次大脳機能の面から構図というものを考えると、部分と全体という問題に行き当たる。ヒトの精神活動には、部分から始まって全体に迫るボトム・アップ的なアプローチによるものと、まず全体をおさえてからその構成要素である部分に迫っていこうとするトップ・ダウン的アプローチによるものとがある。思考というプロセスを例にとれば、前者はディジタル的、分析的な思考であり、後者はアナログ的な、いわゆる水平思考である。前者は膨大なデータからの論理的思考であり、後者は直感的な感覚的思考である。ヒトにおける日常的な思考は、この二つのアプローチを、多かれ少なかれ同時並行的に用いながら実現されているが、近代的な絵画の制作においては、トップ・ダウン的アプローチが圧倒的に優勢である。これは、ひとつには、描画という行為における制約因子として、スペースの有限性ということがあるからだろう。キャンバスのようなかぎられた大きさの画面に、描くべき対象を入れ込むには、どうしても対象の空間的配置が決まっていないといけない。実際、石器時代人の洞窟絵画や岩壁絵画のように、スペースが大きな制約因子にならない場合には、構図ということはあまり大きな問題ではないようであり、ボトム・アップ的に描かれていったように思われる。しかし、構図の意義は、そのようなスペースの制約といったことではなく、描画においては、描かれる対象の空間的配置を決定することが、表現の上での最重要事項であるという点にある。

(2) 構図における全体的処理

図17は、両側の後頭側頭葉梗塞によって相貌失認、すなわちヒトの顔の認知障害を生じたKH氏が描いた自画像である。KH氏は、ヒトの顔を見ただけでは誰かわからないが、ヒトの顔であることはわかり、口、目、耳、鼻などの顔を構成する部分の認知にも障害がない。KH氏は、鏡を見て写生するのではなく、自分の記憶を辿ってこの自画像を描いた。KH氏の自画像

図 17　KH 氏の描いた自画像（永井知代子先生提供）

図 18　ぬれぎぬ（日本失語症学会高次視知覚検査より）

の描き方は独特であり、まず口の部分から描き始め、それから鼻、耳と描いていくというボトム・アップ的な描き方であり、構図というものが存在しない描画法である。このため、できあがった自画像は大きく傾いており、また画面におさまりきらず、はみだしてしまっている。このように、部分の処理から始まってボトム・アップしながら描く現象は、断片的アプローチとよばれ、視覚構成障害の患者の模写においてしばしば観察される現象であるが、KH氏では、それが自発描写において出現していることが重要である。KH氏では、このほかにもたいへん興味ぶかい症状が観察された。たとえば図18のような状況図を見せて説明を求めると、個々の対象の記述はできるが、「ぬれぎぬ」のニュアンスについてはまったくわからない。このように、個々の対象の認知ができても、全体をひとつの場面に統合して理解することのできない現象は、しばしば同時失認とよばれる。すなわち、認知過程においてもボトム・アップ的アプローチしかとれないKH氏では、このような同時失認の現象が出現したと考えられる。KH氏においては、認知過程においても、表現過程においても、部分の処理が全体の処理よりつねに優位にあるため、ボトム・アップ的アプローチ、すなわち部分処理しかできない状態になってしまっている。描画には、認知と表現の両方の過程における、部分の処理と全体の処理とのあいだのバランスという問題があり、トップ・ダウン的アプローチ、すなわち全体的処理の障害があると構図が失われるということがわかるのである。構図の中心をなす、描画におけるこの全体的処理の過程が脳のどこで営まれているのかはまだあきらかにされていないが、後頭葉から側頭葉にかけての領域がその役割を担っているらしいということが、ＫＨ氏の自画像からうかがわれるのである。

(3) 構図と視空間に対する注意

構図には、視空間に対する注意も重要である。右側半球の頭頂葉領域に脳損傷があると、しばしば左半側空間無視という症状が出現する。患者は注視している対象の左視野側を無視し、たとえば食卓におかれた幾皿かの料理のうち、食卓の左側のものには手をつけようとしない。また、食卓の右側に置かれた皿には手をつけるが、このときでも、その皿の左側に盛られた料理は無視してしまう。このように、無視症状はちょうど「入れ子」のような形で、注意を向けた視空間の左側がつねに無視されるという形で現れる。視野障害はあることもないこともあり、また視野障害があっても無視を生じるわけではないことから、このような左半側空間無視という現象は、左側の視空間に対する注意障害であると考えられている。図19は、このような患者の一人に描いてもらった人物図である。構図として画面の右側に大きく片寄っており、また、対象の向かって左側が不釣り合いに大きかったり、部分の重複が見られたりする。しかし、先に示したＫＨ氏と異なって、傾いたりはみだしたりはしていない。また、描画の進め方においても、断片的アプローチではなく、人物全体の輪郭をまず描き、ついで部分部分を描き込んでいくという正統的な描画方法をとっている。

図 19　左半側空間無視患者が描いた人物像

図 20　左半側空間無視患者の自画像
左：手術前，右：手術後（井上聖啓ら，1974 より）

左半側空間無視の患者が描いた自画像として有名なものに、井上らが報告した画家の症例がある。この患者は硬膜下血腫によって左半側空間無視を生じ、図20ａのような自画像を描いた。その後、手術によって硬膜下血腫がとりのぞかれ、半側空間無視が消失してから描いた自画像が図20ｂである。ここまでくると、構図の〝障害〟というよりは独創的な構図法といえるかもしれないが、視空間に対する注意というものが、構図において重要な役割を果たしていることはわかっていただけるであろう。

4―描画の進化

(1) 描くのはヒトだけか

本書の冒頭で、筆者はヒトをホモ・ピクトルとよびたいとのべた。たしかに今日自発的に描画を行うのはヒトだけであるが、実験室内では、ヒト以外の高等霊長類も描画を行うことが知られている。高等霊長類の描画行動を系統的に研究したのは、当時ロンドン動物園にいたデズモンド・モリスである。彼は、その著書『美術の生物学』のなかで、さまざまな例を紹介しており、それによると、これまで描画を行った霊長類としては、チンパンジー、ゴリラ、オランウータンといった類人猿のほか、これらよりずっと下等な、中南米産のカツラザルがしられている。モリスによれば、類人猿の描画行動をはじめて系統的に研究したのは、霊長類研究のメッカとしてしられるフロリダのヤーキース研究所のポール・シラーであるという。彼は女性のチンパンジー、アルファの描画行動を一〇年間にわたり観察し、約二〇〇枚の描画サンプルを残している。これは一定の大きさのテスト用紙の上に鉛筆または色鉛筆やクレヨンで描かれた線書きであり、彼の観察によれば、アルファは報酬なしに線書きを行い、誰かが紙と鉛筆をもっているのを見ると、食べ物はほっておいても紙と鉛筆をねだり、これを手にいれると部屋のすみにいって観察者に背を向け、一人で線書きに熱中する。そして、クレヨンや鉛筆が折れて線書きができなくなると、新しい筆記用具をねだる。これらの観察は、アルファにとっては線書き行動によって自らが視覚的な造形を行っていることそのものが、この行動の動機づけとなり、報酬となっていると解釈できる。すなわち、チンパンジーは描くことの喜びを感じているように思われる。モリスは、一歳半の女子のチンパンジー、コンゴと対面してその描画行動をくわしく観察している。コンゴも報酬なしに描画行動を行った。一枚の描画には一～二分しかかからず、一枚描き終わると鉛筆を検者に渡したり、画板の上に置いたり、または鉛筆を弄び出したりするので、替わりの新しい用紙を渡すとまた描き始める。このようにして、長いときは一時間にもわたって描き続けた。コンゴは、鉛筆やクレヨンの線画だけでなく、筆と絵の具による彩画も教えられ、数年間にわたって描画を続け、三八四枚の描画作品を残している。

このほかの類人猿における描画行動の観察においても、彼らはほとんどの場合無報酬で描画を行う。また、描画を始めるに当たっては、まず被験者である類人猿の手に鉛筆などをもたせ、検者がその手を動かし描画を教えることを必要とするのが普通であるが、ほかの個体が行っている描画を見たチンパンジーが、これを模倣し、鉛筆を与えたとたんに描画を始めたという報告もある。非常に興味ぶかいことに、もっともよく観察されているチンパンジーの場合、描画行動が観察されているのは、今日までほとんどすべてが女性であるということである。その理由としては、男性においてはもっと身体的な活動の方に興味を示したり、実験者が扱いにくかったりするという理由も否定できないが、描画という行為に内在する性差であるという可能性もまた否定はできない。いずれにせよ、このような事実を目の前にすると、描画という行為はヒトをも含めた類人猿一般に共通の営みではないかと思われてくる。ただ、ヒトは、長い進化の過程において、いまから少なくとも三万年以上も前にすでに自発的に描画行為を始めてしまっていたが、ほかの類人猿では、まだそこまでは至っていないだけの差である。ヒト以外の類人猿の描画行為は、いまのところはまだ実験室のなかだけにとどまっている。このことは、これらの類人猿が実験室内ではヒトの言語を操作できることと対応しているが、言語能力よりも描画能力の方がより広い種にわたって観察されている。手話や記号によってヒトの言語を用いたコミュニケーションに成功した類人猿であるチンパンジーとゴリラが、いずれも描画行為ができることが証明されたのに対し、同じように描画能力のあることがあきらかにされたオランウータンやカツラザルでは、ヒトの言語を操作できるようになったという記録はない。言語以上に広い範囲の種においてその潜在能力が見られている描画という行為でありながら、なぜヒトのみが自発的に描くようになり、他の類人猿は描くことを始めなかったのか、これは霊長類の進化を考えるうえにおいてきわめて興味ぶかい問題である。

(2) チンパンジーの描画とヒトの描画の発達

さてそれでは、ヒト以外の類人猿はどんな画を描くことができるのかを、チンパンジーの作品をとおして紹介してみたい。彼らの描画のほとんどは、なぐり書きに近い線画であるが、きちんと紙面内に収まっており、また白紙の隅や、あらかじめ描かれている図形に印をつけたり、あらかじめ描かれている図形が紙面の片方に寄っていると、それと反対側にバランスをとるような場所にしるしをつけたり、一部が欠けた円環や正方形の欠けた部分にしるしをつけたりする（図21）。また、コンゴをはじめとするモリスの観察した何人かのチンパンジーでは、手元の中心に放射状に集まる線分からなる扇形の線画がしばしば見られた（図22）。

線画を描くチンパンジーにおいては、交差する線を描くことはめずらしくないが、円環を描くようになることはまれである。図23は、コンゴがその数年に及ぶ描画活動の終わりになって描いた円のサンプルである。このようにして描かれた円のなかには、なにかしらの小さなしるしがつけられるのが普通であり、もう一歩で顔を描いたものといえそうなほどであるという。しかし、いまのところこれ以上の図形の描画を行うようになったものはなく、ヒトが見てなにが描かれているかがわかるようなものを画面の上に描いたヒト以外の類人猿はない。

ヒトの子どもにおける描画の発達を調べたローダ・ケロッグの研究によれば、ヒトにおいてもチンパンジーとよく似た段階を経て描画が発達するという。図24は、彼女による人間の形を描くヒトの描画発達過程を示す図であり、なぐり描きの線画が次第に画像に変化していくことがわかる。これによると、チンパンジーのコンゴが達したのは、基本的な図形を描く段階をすぎて、これになぐり描きを加えて組み合わせ図形を描くfの段階までであったことがわかる。

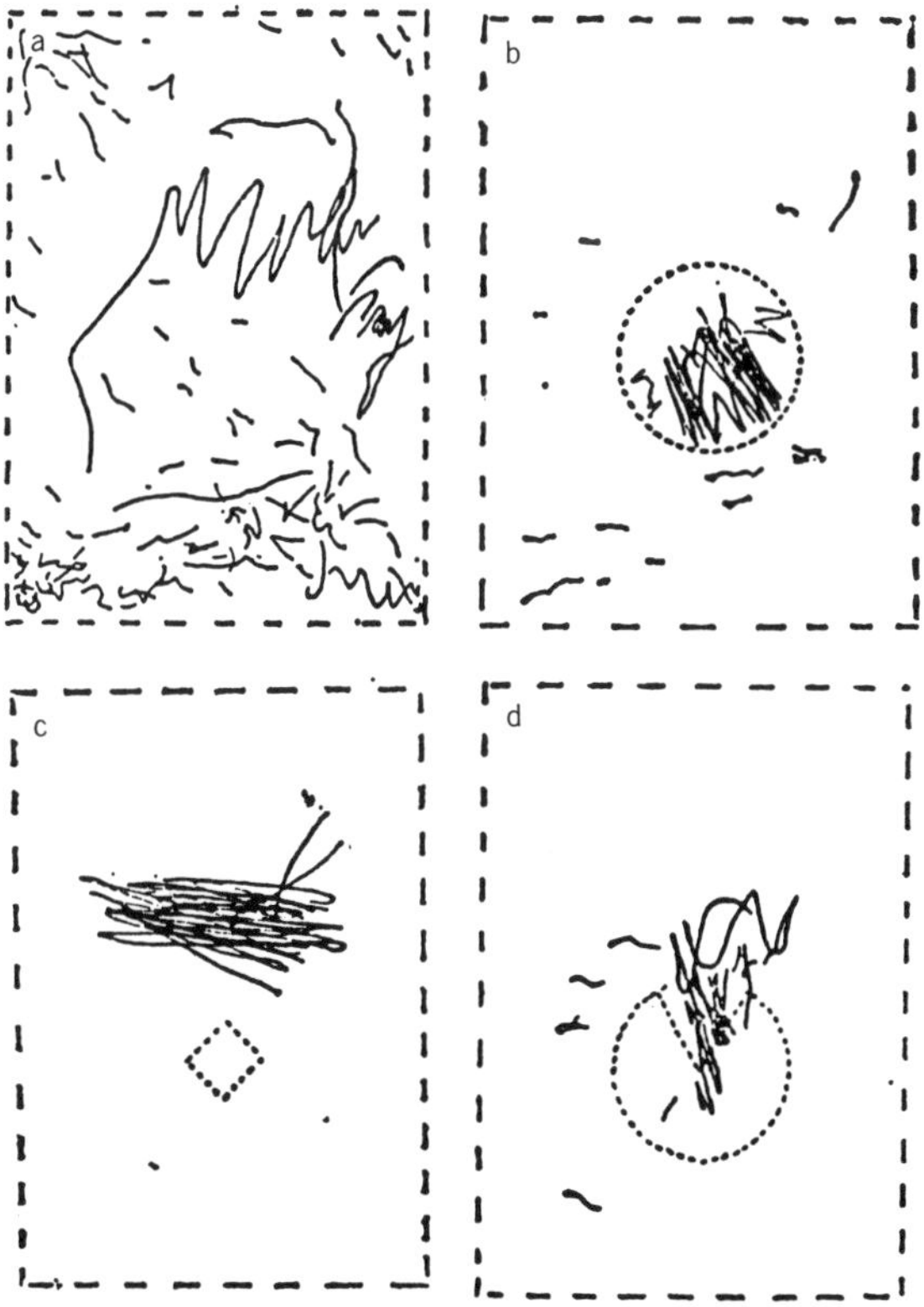

図 21　チンパンジーの描いた線画

a：ページ全体に広がってつけたしるし，b：中心の図形内に限ってつけたしるし，c：中心からずれた四角形とバランスをとってつけたしるし，d：不完全なパターンの欠失部をみたしてつけたしるし。(D. モリス，1975 より)

図22　チンパンジーの描いた扇形線画（D. モリス，1975 より）

図23　チンパンジーの描いたしるしのある円（D. モリス，1975 より）

ヒトの子どもは四歳から五歳になるころには、このレベルをさらにこえ、画像をもって外界を画面に描こうとする段階に至る。この段階に至ってはじめて、ヒトはその名ホモ・ピクトルにふさわしい存在になる。

それにしても、このホモ・ピクトルはいつから地球上に現れたのであろうか。本書の冒頭にものべたように、今日までのところ発見されたヒトの描画作品としてもっとも古いものは、南仏アルデシュの洞窟画であり、いまからだいたい三万年前に描かれたと推定されている。しかし、新人が地球上に出現したのは少なく見積もっても五万年前といわれているので、ヒトの進化の最初の二万年は、ホモ・ピクトルとしての遺伝子をもってはいても、その本来の機能は発現されていなかったのかもしれない。たとえば、ヒトのゲノムに

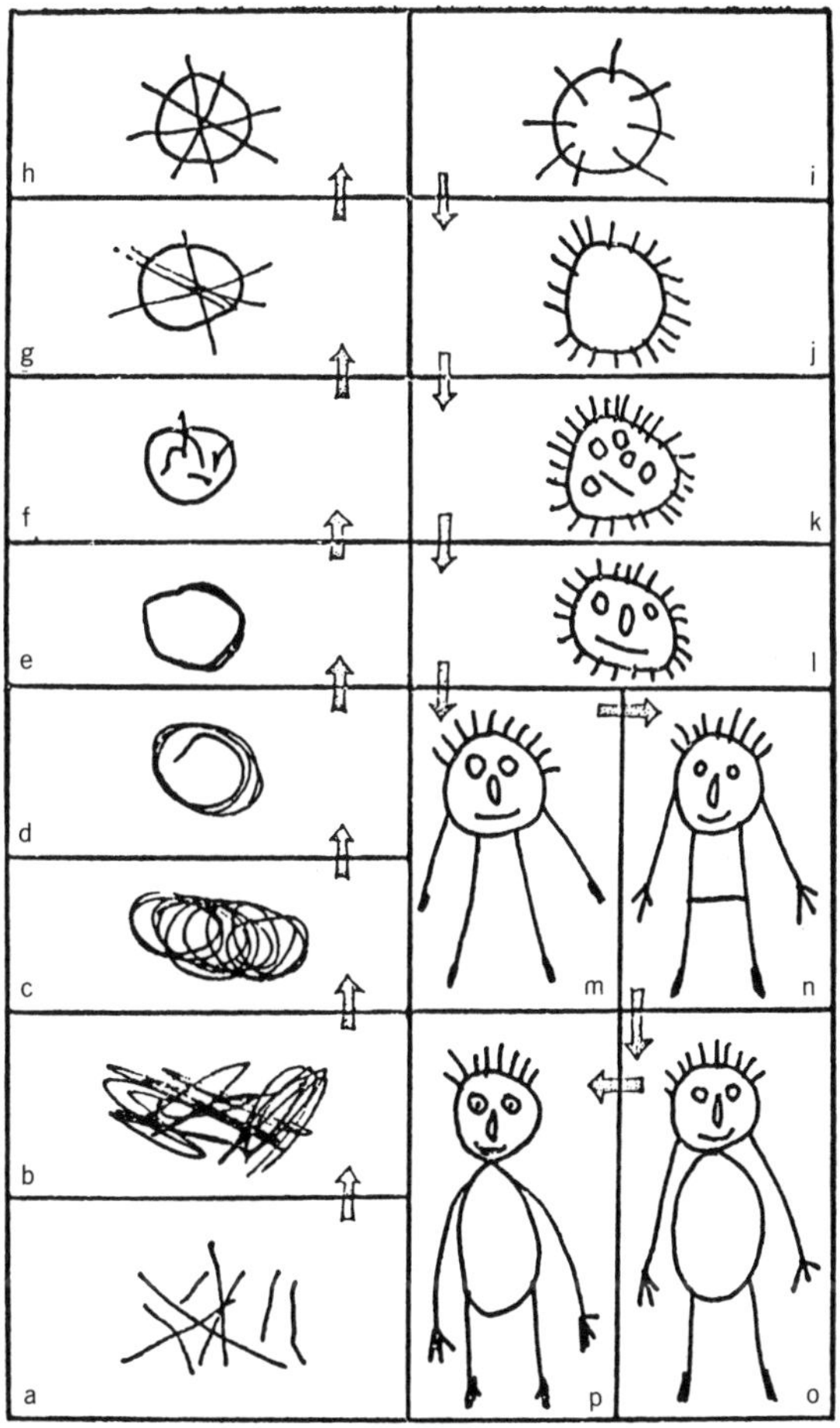

図 24　ヒトの描画の発達（D. モリス，1975 より）

書き込まれていながら、その機能発現に驚くほど長い時間経過を要した機能に文字の操作能力がある。最古の文字が発明されたのはいまから約五〇〇〇年前であり、ヒトの進化の九〇パーセントにものぼる長い期間を、文字を操作する大脳皮質領域は、その機能を発揮することなくすぎ去ってしまったことがわかっている。そこには、遺伝子情報だけでは決定されない何物かが存在する。その何物かとは、ヒトのもつ能力のなかでももっとも特筆すべきもの、すなわち高度のコミュニケーション能力であり、それによって営まれる社会的な活動は文化とよばれる。この能力を最大限に発揮することによって、ヒトは一個体としての能力をこえた活動を、世代をこえても途切れることなく営み得るようになった。〝描く〟という営みもまた、このような空間と時間をこえて世代を繋いでいく社会的コミュニケーションのひとつであると考えられる。

【第2章の補遺】

初版の執筆時において、ヒトの描画行動の発達過程に関しての知識は、もっぱら他の研究者からの引用に頼っていたのであるが、その後、私自らが、小児の描画行動の発達をつぶさに観察する機会に恵まれた。それだけでなく、母の遺した記録の中から、私自身が生まれて初めて描いた絵を発見するという僥倖にも恵まれた。母の日記には、自分と母の顔を描いたと私が述べたという二枚の絵が描かれた日付が記載されており、それは私が二歳五か月の時であることがわかった。これらの観察や記録は、これまでの描画行動の発達に関する、幾つかの優れた先行研究を後追いするものであったことは事実であるが、この観察を通じて、描かれる内容と、それを描いた時点での言語能力の発達段階との間に、密接な関係があることに気づいた。

すなわち、「語」を発するようになる前までは、〝なぐりがき〟しかしなかったのが、「語」を発するようになると、命名可能な対象物を描くようになり、「文」を発するようになると、さまざまな状況図を描くようになるということが、はっきりと確認されたのである。逆にいうと、音声によりコミュニケーションができたとしても、「語」という単位の言語分節がはっきりと確立されていない発達段階では、何らかの図形を描く技術的能力を獲得していたとしても、具象的な絵というものを描く能力の獲得にはつながらないと考えられる。

チンパンジーの描画能力についてのモリスの研究については、すでに初版において紹介したが、近年の齋藤の研究によれば、彼らにおいては、自分が描いたものが、何らかの対象物の表象であるということは理解していないようだという。このことは、チンパンジーにおいては、手話やさまざまな図形を用いて、ヒトとコミュニケーションをすることができるような高い知能を持ち合わせてはいても、彼らの〝言語〟様能力においては、「語」にあたる分節単位が存在しないことを意味しているように思える。序章の補遺でのべたように、今日、旧人が描いたと考えられているものは、何らかの幾何学的図形ばかりであり、具象絵画と言えるものは見つかっていない。これらのことから考えると、音声言語の能力を、部分的には獲得していたといわれる旧人においてもまた、「語」という分節単位は存在していなかったのではないかと想像される。

初版の第2章の中で、ウィリアムズ症候群について少し触れた。これは、第七染色体長腕の部分欠失により、特徴的な顔貌と知的発達障害、大動脈弁上部狭窄症を生じる先天性疾患であり、モデル図を正確にトレースすることはできても、モデルを見ながらの写生はできない、という特徴的な描画能力障害がみられる。それにもかかわらず、自発描画では、写生に比べると、描画対象の特徴をはるかによく把握したものを描くことができる。この疾患における、これらの描画能力障害については、その後、永井知代子博士（現：帝京平成大学言語障害学教授）が詳細な研究を行い、初版において推察したとおり、視空間ワーキングメモリースパンが小さくなっているために、視空間的記憶メモから中央実行システムへの情報伝達が充分に行われないということが確認された。言い換えるなら、写生という描画行為においては、単に描画動作を正確に行うための技術的なスキルが必要なだけではなく、視空間ワーキングメモリーの容量が充分に確保されていなくてはならないということが、ウィリアムズ症候群の研究によって、あきらかにされたのである。

第3章　脳から見た絵画の進化と視覚的思考

1―心像絵画

(1) 絵画の自然史

私は正統的な絵画史にかんしてはまったくの素人であり、そのようなものについて論ずる力はないし、また論ずるつもりもまったくない。私にとって興味があり、ここで絵画の自然史として論じたいのは、何百年にもわたる西洋絵画の歴史的展開のなかでの、描くヒトの描き方に潜むひとつの歴史的流れについての考察である。繰り返しのべているように、ヒトは少なくとも三万年ものあいだ描いているが、描かれた場所によって、また描かれた時代によって、じつにさまざまな絵画が実現されてきた。これらの描かれたものを自然史的に解釈するために、ここでは絵画のハードウェアにある画材の側面、絵画の対象である画題の側面、そして絵画を作成するアルゴリズムにあたる描画の技法の側面という三つの側面にわけて通覧してみたい。

まず、なにに描かれたかを考えてみると、洞窟の壁や岩壁、パピルスや羊皮紙あるいは紙、漆喰や板、そして布や皮、あるいはキャンバス、ときには大地や砂漠の上に至るまで、およそ面としての広がりを有するものの上ならばなににでも描かれてきたし、描く道具も、指、筆、ブラシ、鉛筆、チョーク、クレヨン、ナイフ、釘そしてさまざまな絵の具や顔料など、じつにさまざまな道具と材料によって絵画がつくられてきた。これらの材料や道具にも場所と時代に依存したひとつの流れがあるが、その変遷になんらかの法則性を見出すことは困難である。すなわち、絵画のハードウェアに一定方向への進化の跡を見出すことは困難である。

これに対し、画題においては、大きな進化の流れを見ることは困難ではない。描画の最初の試みは、おそらく視覚世界の再現であったろうと思われる。しかし、その視覚世界は、われわれが現在リアルであると感じているようなものではなく、もっと伝説的、呪術的、宗教的なものから生まれる視覚世界であっただろう。文字通りのリアルな視覚世界などというものは、描くまでもなくそこに存在していたから、描く対象にはなりにくかったのかもしれない。たとえ一見リアリズム的な視覚世界を画題として取り上げたように見える絵画でも、絵画としてのテーマはけっして現実の視覚世界ではなく、絵画のモチーフに現実の視覚世界を借用しているにすぎない（図1）。この流れは西洋絵画のなかに強く根付いており、ルネサンスに至るまでの長い時間の流れのあいだずっと、画題の中心は伝説的、呪術的、宗教的なテーマによって占められてきた。このようなテーマは本来不可視的なものであり、極論するなら、この期間の絵画の目的は不可視的なものを可視化することにあったということができる。すなわち、対象が見えないからこそ、描いて世に示す必要があると考えられたのであろう。この段階の絵画は、さしずめ不可視的画題の時代といえよう。ヒトの絵画はじつに三万年にわたってこのような不可視的画題をテーマとしてきたのである。

ルネサンス後期に至り、西洋絵画はようやく目の前に存在する人物や風景のなかに画題を見出すようになり、可視的なリアルな世界が画題として取り上げられるようになる。すなわち、ルネサンスは、絵画が不可視的画題の時代から可視的画題の時代へと変化する時代であったということができる。後にのべるように、このとき画題が不可視的なものから可視的なものへと移り変わったのに伴って、絵画の技法も大きく変化した。可視的画題の時代は、その後今世紀の初頭に至るまで数百年にわたって続いた。この時代には、たとえ現実には存在しない神話的、あるいは伝説的な視覚世界を表現しているように見えても、そこに表現されているものは現実の視覚世界の視覚対象であり、神話や伝説の舞台におかれた可視的世界である点が前の時代の絵画と異なっている（図2）。そして、その後今世紀初頭に至るまでの絵画の技法の変化というものは、このような可視的視覚世界を絵画の根本テーマとしていくことに由来する必然的な展開であったと考えられる。

今世紀初頭に至って、絵画のテーマは大きく変化する。それは超可視的画題とでもいえるような、新しい画題の発見にもとづく絵画史の新しい時代である。そこで描かれている視覚世界は、現実の視覚世界をこえ、新しい可能性を秘めた視覚世界なのである。古い時代の不可視的画題の世界では、人びとが心のなかの視覚世界には描いていながらも、直接の現実的視覚体験は不可能であったものを描いていたのに対し、超可視的画題の時代に描かれるものは、それまで誰の脳のなかにも視覚対象としては存在しなかったテーマが、絵画という形の現実の視覚世界として表現されている（図3）。

このように、画題から見た場合、西洋絵画の歴史は不可視的画題、可視的画題、超可視的画題の三段階の発展をとげてきたといえる。日本の絵画の歴史も、大まかにはこの三段階の発展に当てはめることができそうに思われるが、絵画における装飾的な意義が大きかったためであろうか、可視的画題が用いられるようになった絵画の時代の到来は西洋絵画よりずっと遅く、しかもそのような時代になってもなお、不可視的画題の優位性が今日に至るまで綿々と続いているうちに（図4）、西洋と同じような超可視的画題の時代が到来してしまったように思われる。

(2) $2\frac{1}{2}$次元スケッチと三次元モデル

われわれがある視覚対象を見ているとき、視覚情報として得られるものは、観察者である自分を中心とした空間内にあるその対象からの視覚情報のみであり、そのものの本当の三次元形態の情報ではない。なぜかというと、自分に見えていない部分の情報は得られないからである。たんに観察しているだけの状態における視覚情報は、その視覚対象の本当の三次元形態にかんする完全な情報を与えてくれるものではない。このように、自分を空間の中心に据えて、視覚対象を観察しているだけのときに得られる視覚情報は、視覚対象の形態にかんしては不完全な情報でしかない。われわれは、自分を中心に据えることをやめ、その視覚対象の裏側にまわったり、上から覗いたりして、視覚対象のさまざまな面を見ることによって、はじめて視覚対象の形態についての完全な情報を得るに至る。デビッド・マーは、その歴史的著書 *Vision* のなかで、このような観察者中心の視覚情報を、視覚対象の$2\frac{1}{2}$次元スケッチとよんだ。

　われわれが外界を視覚的に認知する場合、その最終的な目標は視覚対象の三次元モデルを表現することである。しかし実際に対象を見ているときには、視覚対象を自分が見ているときの$2\frac{1}{2}$次元スケッチの視覚情報しか得ることはできない。たとえば、目の前にあるテーブルの上の花瓶を正面から見ているとしよう（図5A）。このとき観察者が得ることのできる視覚情報は、観察者を中心とした座標系における、花瓶の形の輪郭、花瓶の表面の方向と奥行きなどに限られており、花瓶の裏になっていて見えない側の面の方向や奥行きがどのようになっているかについての情報はまったく得られない。これはちょうど地球から月を見ている状態と同じであり、つねに同じ側を地球に見せている月の裏側を地球から見ることはできない。地球上にいるわれわれは、月についての$2\frac{1}{2}$次元スケッチの視覚情報しか得ることはできないのである。しかしわれわれは、月が球体であることをしっている。すなわち、月中心の座標系における月の形を記述することができる。これは、われわれの脳のなかには、月の三次元モデルが表現されているからである。先の花瓶を例にとるなら、観察者がテーブルの上から花瓶を手にとったり、自分が移動したりして、対象となる花瓶を、正面からだけでなく裏から、上から、斜めから観察していけば、花瓶中心の座標系における花瓶の三次元モデルを表現することができる。たとえば、

図1　ポンペイの壁画：アテナ，ベレロフォンとペガサス

図2　ダヴィッド：ホラティウスの誓い

図3　アシル・ゴーキー：デッサン

図4　小林古徑：清姫（鐘巻）

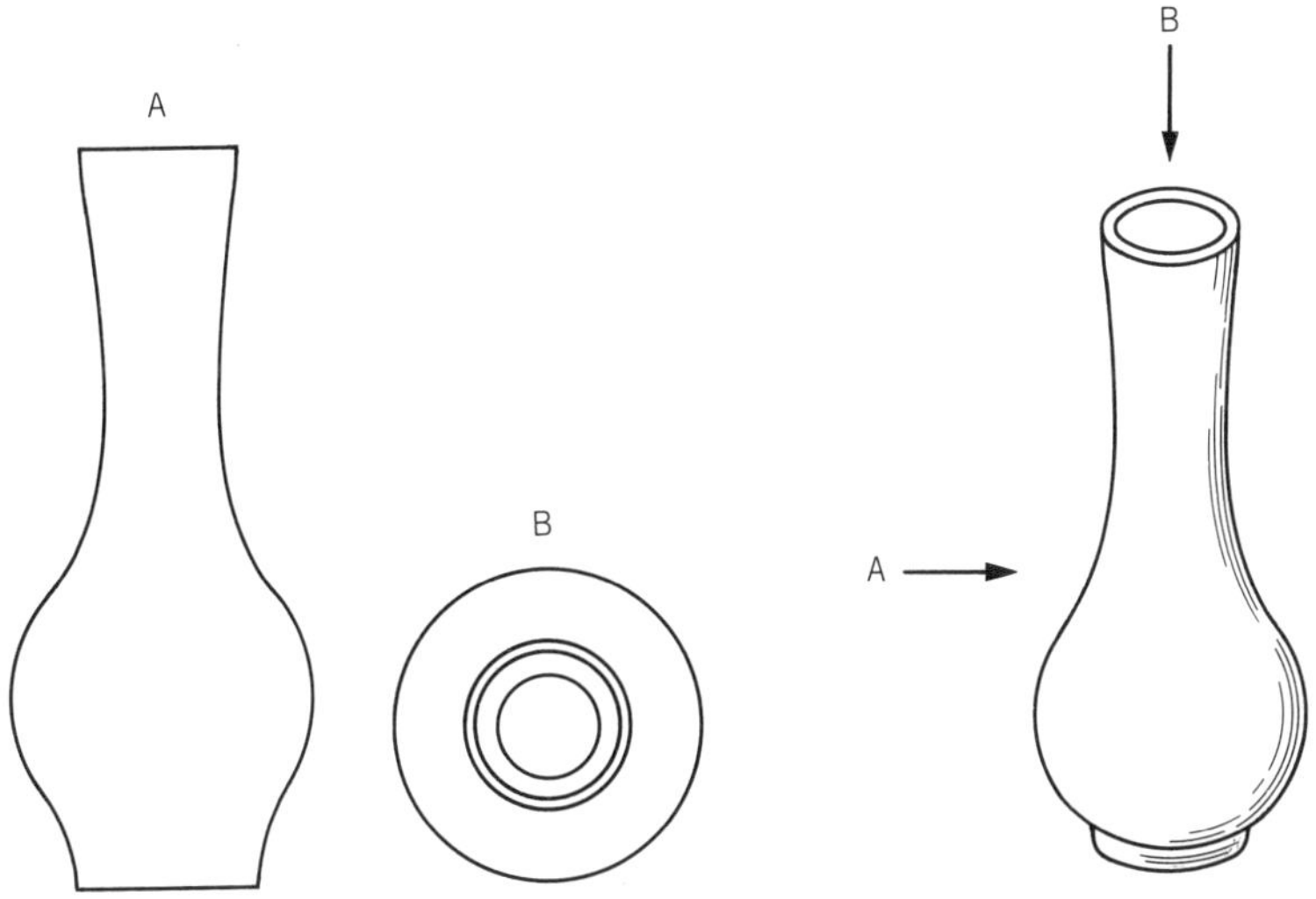

図5　花瓶を正面ま横から見た像（A）と上面からみた像（B）

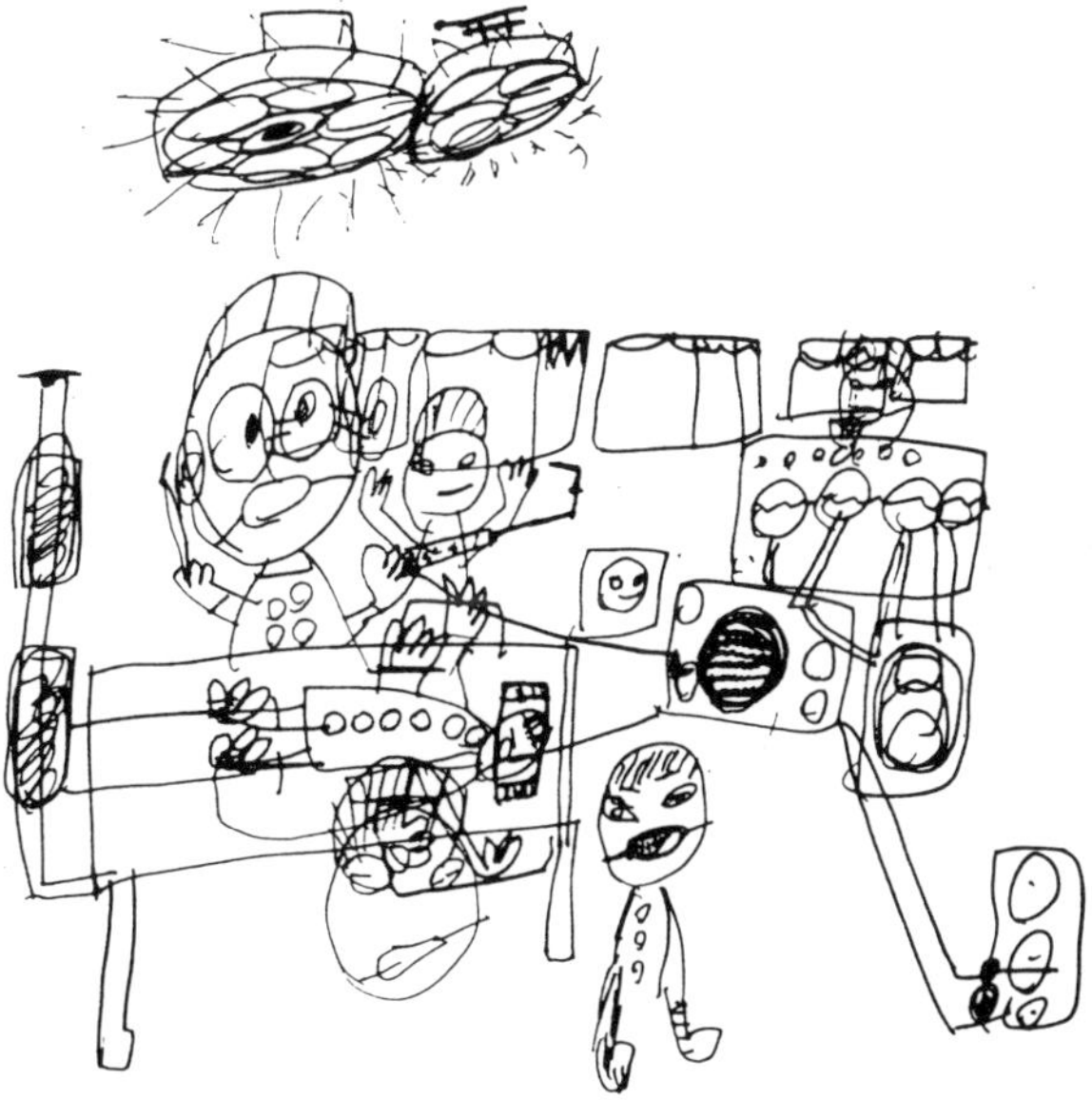

図6　筋ジストロフィー患者が自分の受けた筋生検検査について描いた絵

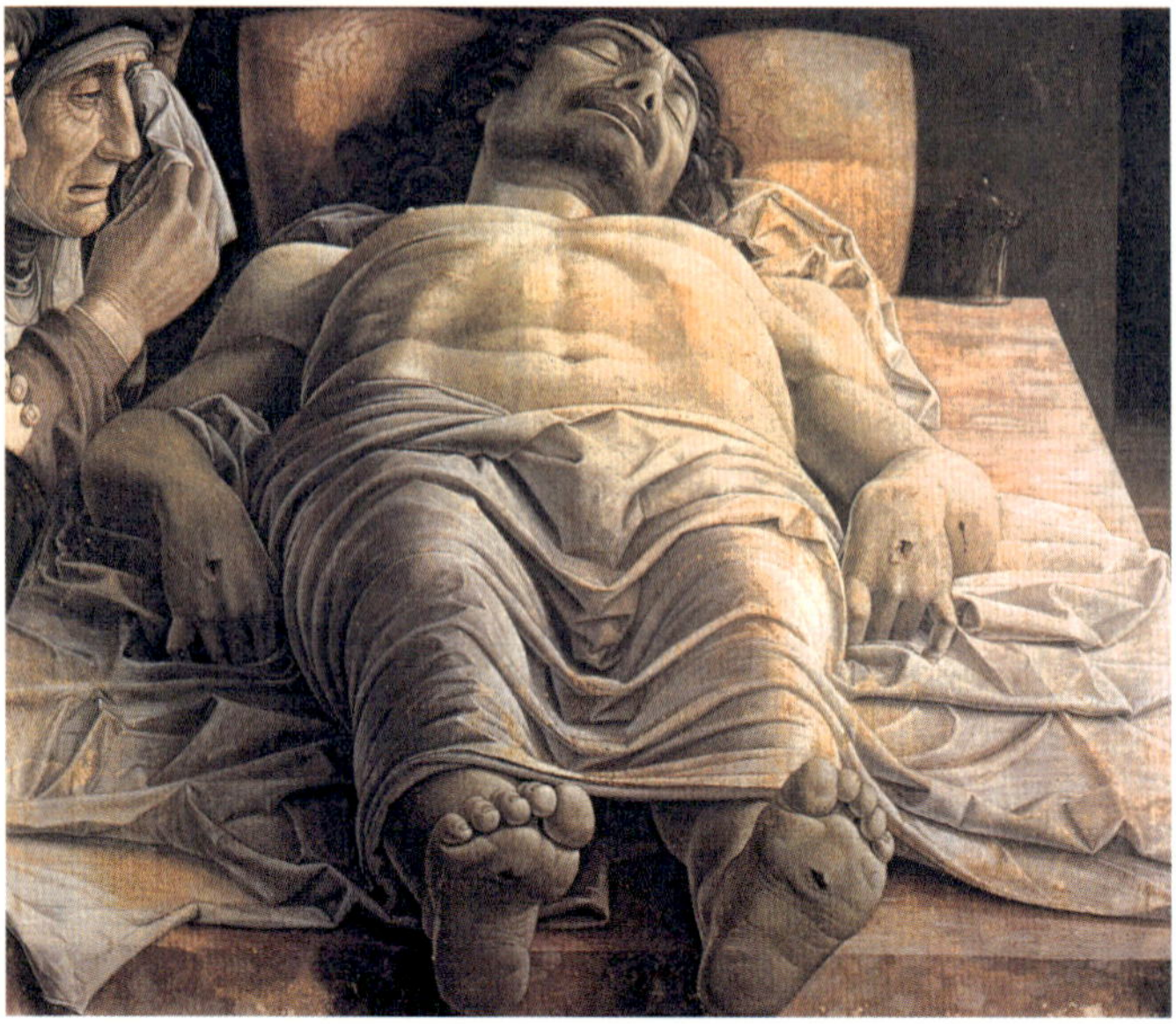

図7　マンテーニャ：死せるキリスト

図8　デューラー：裸婦を描く画家

図9　ジョルジュ・ドゥ・ラ・トゥール：徹夜で祈るマドレーヌ

図10　P. ブリューゲル：雪の中の狩人たち

図 11　レンブラント：自画像

図 12　レンブラント：夜警

図 14　村上華岳：牡丹遊蝶図

図 13　伊藤若冲：松に鶴図　鹿苑寺

図16　ルノアール：陽を浴びる裸婦

図15　モネ：パラソルをもつ婦人

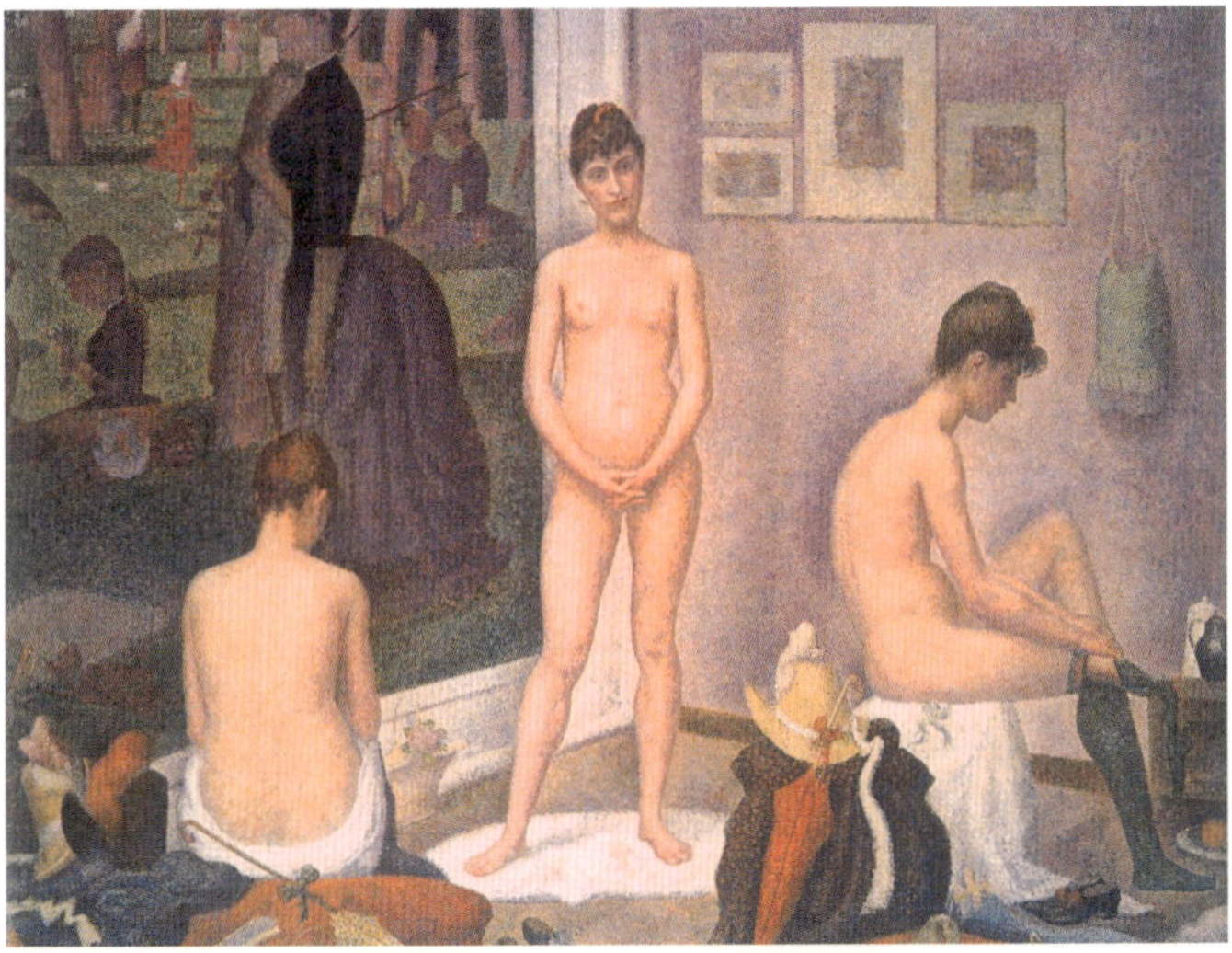

図 17　スーラ：ポーズする女たち

図 18　デュシャン：階段を降
りる裸体 No. 2

図 19　レヴィアン：謎

図 20　ベーコン：イザベル・ローソーンの肖像習作

図 21　モンドリアン：しょうが入れのある静物 I（a）

図 21　しょうが入れのある静物 II（b）

図 22　マグリット：個人的な価値

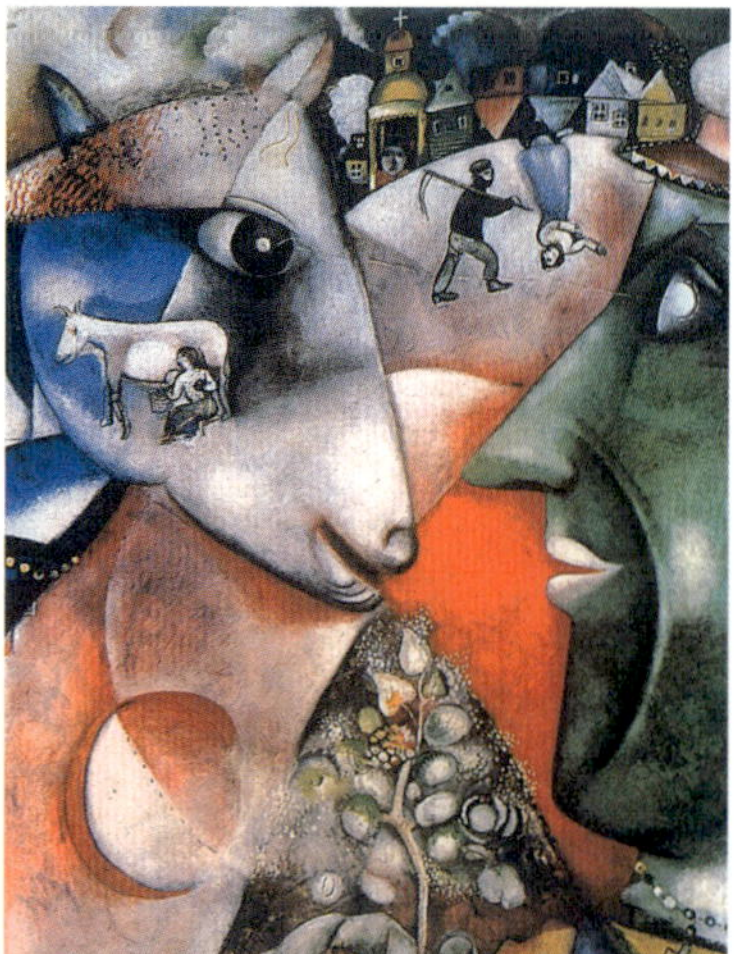

図 23　シャガール：僕と村

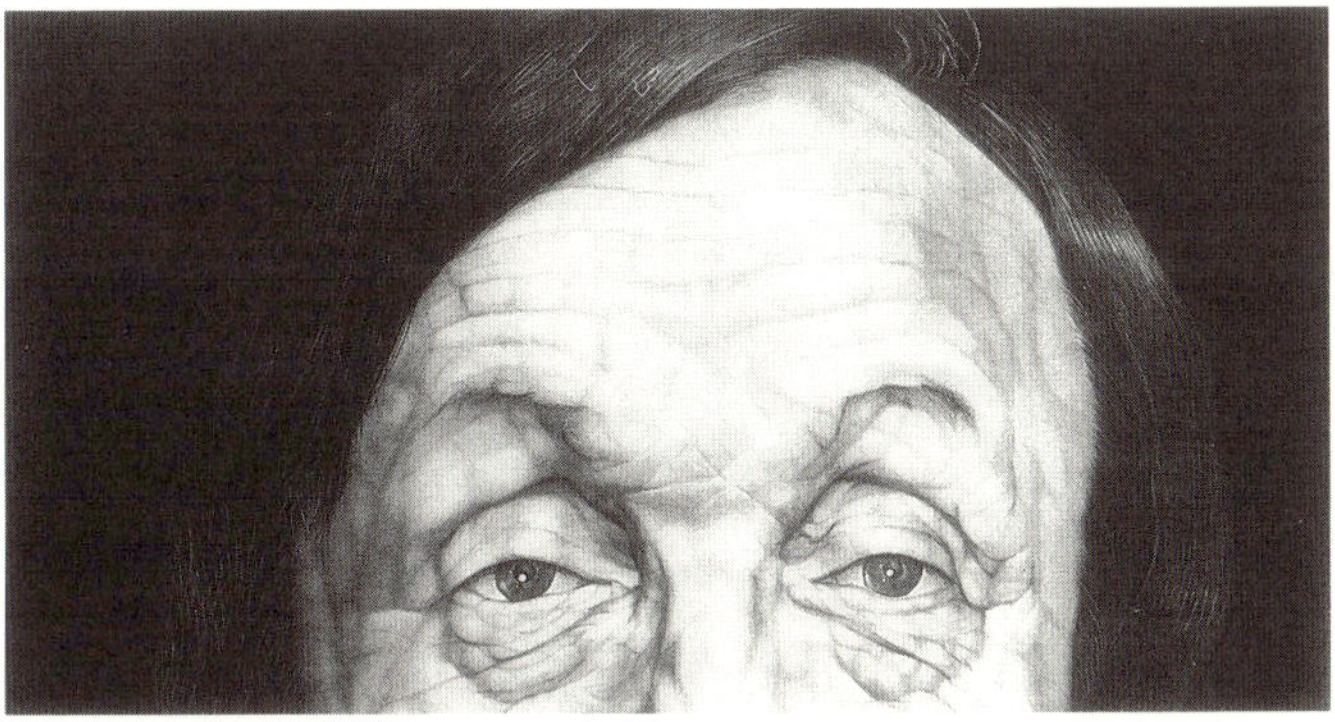

図 24　木下晋：視線

図 25　カンディンスキー：三つの色斑のある絵

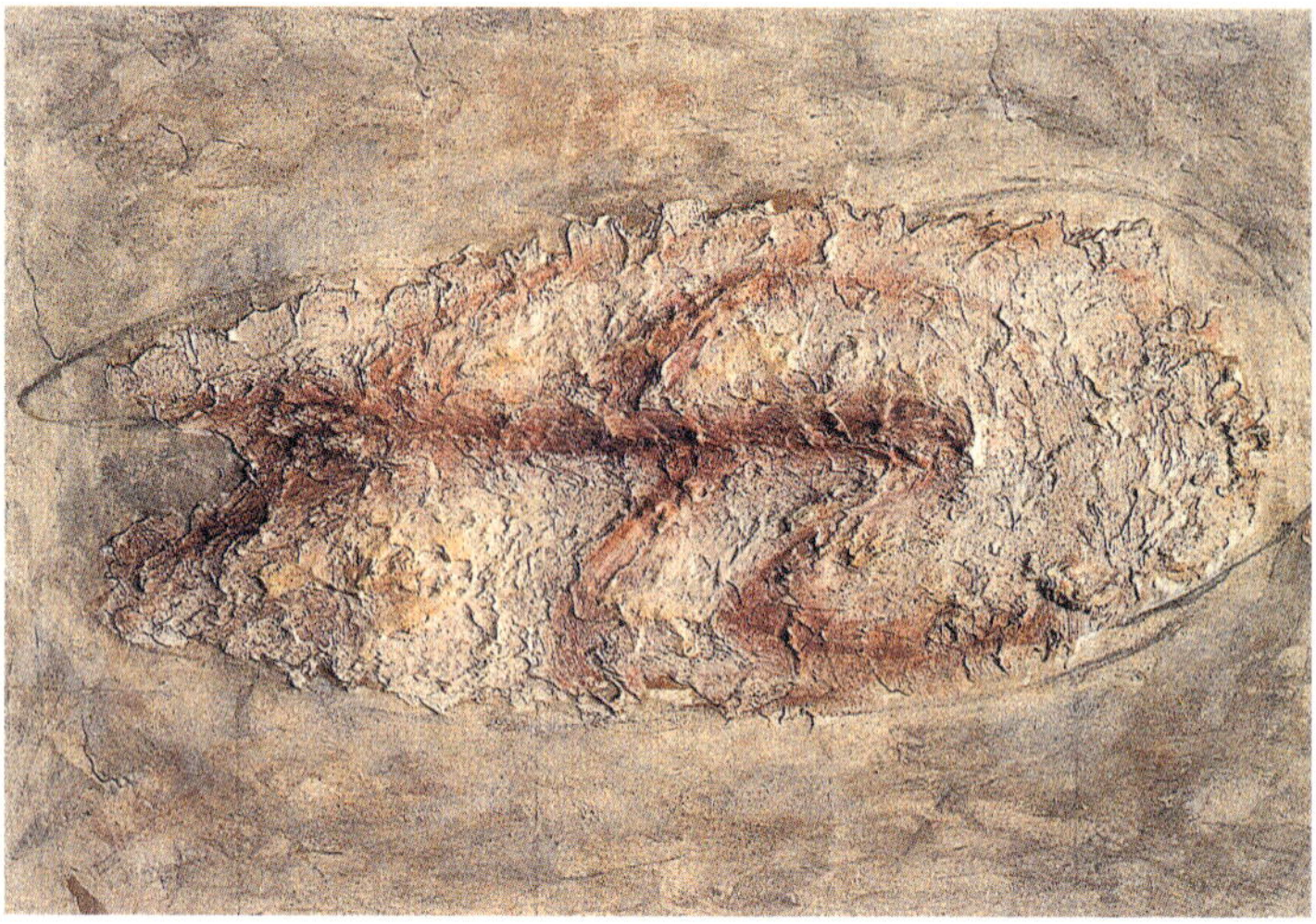

図 26　フォートリエ：大きな悲劇的な頭部

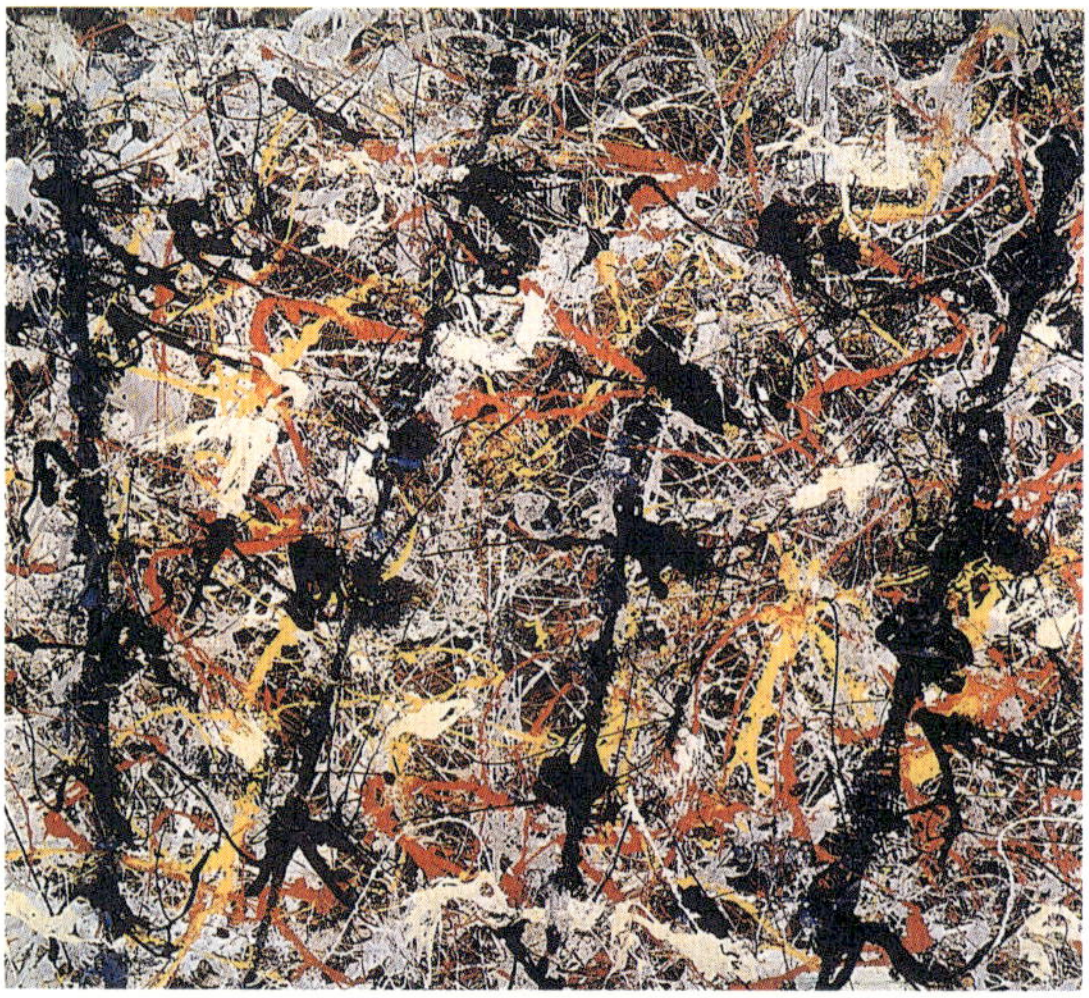

図 27　ポロック：青い柱（部分）

この花瓶をテーブルの真上から観察すると、正面から見た場合とはまったく異なった視覚情報が得られるはずである（図5B）。正面から見た花瓶と上面から見た花瓶の網膜像はまったく別ものであるが、これらの違いが観察者の視点の移動による差であることがわかっていれば、これら二つの異なった網膜像は、同一の物体の異なった視点からの視覚情報であることがわかり、花瓶の真の三次元形態が理解される。これが脳内における三次元モデルの表現である。そして、このような三次元モデルがいったん形成されてしまえば、特定の視点から得た$2\frac{1}{2}$次元スケッチのみから、三次元モデルを想起することができる。いいかえるなら、その時点でテーブルの上の花瓶は、自己中心座標系で見た花瓶から、物体中心座標系で見た花瓶へと変化するのである。すなわち、座標変換によって、観察者の視点の移動を物体そのものの回転に置き換えることができるようになってはじめて、ヒトはその物体の真の三次元形態をしることができるようになる。

ヒトは、その発達段階においてさまざまな視覚体験をしていくうちに、あらゆる視覚対象の$2\frac{1}{2}$次元スケッチから三次元モデルをしることができるようになり、特定の物体をさまざまな方向から見たときに網膜に写る像がまるで違ったものであっても、同じ物体を見ていると信じることができるようになる。その結果、ヒトはあらゆる物体にかんする視覚情報を、その$2\frac{1}{2}$次元スケッチとして語ることをせずに、あたかも視覚情報そのものが直接それを与えてくれるかのように、すべての視覚対象について、その三次元モデルに従って記述するようになってしまう。

(3) 心像絵画とその意義

さて、不可視的画題をテーマとしていた時代の描画は、この$2\frac{1}{2}$次元スケッチの介在を考慮することなく、直接的に三次元モデルを描こうとする技法が主流をなしている。すなわち、画家の脳内に想起された描画対象は、その三次元モデルのイメージに従って描かれ、視覚対象をある特定の視点から観察する形では描かれない。このため、描画対象の大きさや形は、特定の光源のもとで、特定の視点から観察したときの網膜像の大きさや明るさに従うことがなく、したがって遠近法というものは用いられないし、陰影法も必要がない。ルネサンスに至って描画技法の根本とされるようになったこれらの技術は、見るということは$2\frac{1}{2}$次元スケッチを得ることであるという主張に基づく考えであり、$2\frac{1}{2}$次元スケッチを介在させることなく、心のなかにすでに存在する視覚対象の三次元モデルを直接描こうとした画家たちにとっては、まったく必要のない余計な考えだったのである。このような描画の技法によって描かれた絵画は、心像絵画(マインド・ペインティング)とよぶことができる。図6は、筋ジストロフィーで療養施設に入院していたある患者が、筋生検の検査を受けたときのことを思い出して描いた心像絵画の一例である。この患者は、紙とフェルトペンを与えられると、驚くほど短時間ですらすらとこのような絵を描く。心像絵画においては、描画対象の大きさは網膜像の大きさとは関係なく、画家の心のなかでのその対象の存在の大きさ、すなわちその存在意義の重要さによって定まるものであり、また全体の構図のなかでの位置関係も、描画対象の心理的、あるいは社会的な関係によって定まる。また、描画対象はそれを取り囲む背景からはっきりと分離独立して描かれなければならないし、描画対象の運動を表現することがあったとしても、後述するような動きそのものを表現するような技法は使用されない。さらに、描画対象にあてはめられる色彩も、画家がその描画対象にふさわしいと選んだ色彩で統一されており、象徴的な意味をもつ色彩で描かれる。そしてなによりも、描かれる物の形は、特定の視点から見た特定の形ではなく、普遍性を有する形でなければならない。形の普遍性を表現するためには、$2\frac{1}{2}$次元スケッチを用いずに、直接三次元モデルを表現する方がより理に適っている。$2\frac{1}{2}$次元スケッチとして神を描いてしまえば、それは普遍性を失った特定のヒトの姿でしかなくなってしまうのである。したがって、このような心像絵画の技法は、テーマとして不可視的画題を取り上げる以上当然のことであると思われる。このような技法を用いてきた画家たちが、視覚情報処理における$2\frac{1}{2}$次元スケッチの存在に気が付いていたかどうかはわからないが、たとえ気が付いていたとしても、特定の条件の下で、特定の視点から見た$2\frac{1}{2}$次元スケッチを描いてしまうなら、不可視的画題であるはずの視覚対象が可視的なものになってしまい、伝説的なもの、神話的なもの、宗教的なものを描くことの意味が失われてしまうことを感じていたはずであり、その直感に従って、三次元モデルのみを描画対象としたことには、十分納得がいくのである。

心像絵画の描画技法は、画題が不可視的なものであるかぎり続けられてきたが、ルネサンスに至り、不可視的画題のなかに少しずつ可視的な画題が混入してくる。神と天使と聖人だけが描かれてきたなかに、目の前に生きているヒトの姿が描かれるようになると、絵画の描かれ方も変わってくる。すなわち、現実の物体としての視覚対象が描画の対象となってくると、ヒトの姿は普遍性を捨て、特定の個人としての姿に変容する。そして、可視的な画題を描くための技法として、つぎの時代の描画法、すなわち網膜絵画の技法が生まれてきた。

2—網膜絵画

(1) 絵画の神経科学から見たルネサンスの意義

西洋絵画の歴史においてルネサンス絵画が革命的であったのは、その技法において描画対象の$2\frac{1}{2}$次元スケッチを重視し始めたことにある。ルネサンス後期に至って、画題として可視的な画題、すなわち現実の視覚対象が取り上げられるようになったが、これを現実のものとして描くために必要となった技法が、網膜絵画（レティナル・ペインティング）の技法とよばれるべきものである。すなわち、それまで描画対象を座標系の中心とする三次元モデルを描いてきた画家は、ここに至って観察する画家自身を座標系の中心に置いた$2\frac{1}{2}$次元スケッチを描くようになってきたのである。そして、網膜像だけから得られる視覚情報は、$2\frac{1}{2}$次元スケッチ以上のものにはならないことに気付いた画家たちは、視覚対象の網膜像を描く技法を作り上げた。描画対象を特定の条件下におき、特定の視点から画家がこれを観察したときの網膜像を描くときに、もっとも必要であった技法のひとつは遠近法である。観察視点を固定すれば、視覚対象の網膜像は当然遠近法に従うことになるからである。遠近法のなかでも、一点消失透視図法の技法は視点を固定した場合の空間座標系を表現するもっとも完成した方法であり、この技法で描かれた絵画は、網膜像における視覚対象の$2\frac{1}{2}$次元スケッチそのものである（図7）。網膜絵画を描く上でもっとも重要なことが観察者の視点の固定であるということは、画家の制作状況を描いたデューラーの版画によく示されている（図8）。視覚対象に対する照明が固定された特定の光源に由来するものであることを示す陰影法も、描かれたものが網膜像に由来する$2\frac{1}{2}$次元スケッチであることを示す重要な技法となる（図9）。これらの方法を用いた描画法によって描かれた作品は、写実的絵画とよばれることが多いが、正確には$2\frac{1}{2}$次元スケッチとして写実的な絵画というべきものである。

(2) 網膜絵画の二つの技法

遠近法と陰影法を駆使した$2\frac{1}{2}$次元スケッチによって描画対象を表現するという技法は、たしかに観察者の視点を固定した網膜像の再現を目的とするものであるが、ルネサンスから始まるその技法の最初の段階においては、まだ眼球運動による視線の変化を抑制するということはなかった。したがって、画面の中心部と辺縁部とは、色彩においても、その描かれたディーテイルにおいても、対等に描かれており、また、近景も遠景も同じ細密度をもって描かれている（図10）。これは、視線をたえず変化させながら、ひとつの視点から見える視覚対象のすべてに注視したときの視覚世界である。観察者が特定の点に位置し、そこから観察した$2\frac{1}{2}$次元スケッチを描いていることは事実であるが、観察者の眼球はキョロキョロと目の前の世界すべてに視線を投げかけているのである。このような描画技法は、視線非固定型の網膜絵画または、眼球運動を伴う網膜絵画とよぶことができよう。これに対し、後期イタリア・ルネサンスが西欧世界全体に伝わっていくに従って、網膜絵画のもうひとつの技法が、一七世紀のフランドルの画家たちの手によって築かれた。彼らは視点のみでなく、視線までを固定した状態の視覚世界を描き出そうとしたのである。

第1章でのべたように、網膜における光感受特性のポイントは、網膜の中心部と周辺部とでは、視力も色彩認知能力も格段に違っているということである。細部まではっきりと見分けることのできるのは、視野の中心部のみであり、またこの領域でしか色彩を弁別することはできない。視野の周辺部は、薄暗く、朦朧とした、そして色彩のない視覚世界である。しかし、ヒトは絶えずキョロキョロと視線を動かし、眼前の視覚世界のすべての対象を注視することによって、すべての視覚対象を同じようにはっきりと見ることができ、またすべての視覚対象に色彩があることをしるのである。しかし、レンブラントの絵画を頂点とする網膜絵画のもうひとつの技法では、画面の中央部と周辺部の扱いはまったく異なっている（図11）。色彩があり、細部まで見ることのできるのはつねに中央部だけであり、周辺部では色彩がなくなり、薄暗がりのなかにいったいなにがあるのか定かにはわからない。この絵画の世界は、視点のみならず視線をも固定した場合の網膜像である。したがって、このような技法は、視線固定型の網膜絵画または、眼球運動を伴わない網膜絵画とよぶことができる。視線固定型網膜絵画と視線非固定型網膜絵画の区別は厳密なものではなく、画面中の少数の部分にスポットライトを当てたように、わずかに視線を動かし、それぞれの注視点を中心に視線固定型網膜絵画を描くという技法も、レンブラントの得意とした技法であり、同一の画家によっても画題によってどちらの技法が用いられるかが自由に選択されてきた（図12）。

このようにして、ルネサンス以降一九世紀末に至るまで、西洋絵画の技法としては、視線を固定するしないにかかわらず、網膜絵画が主流を占めるようになり、写実絵画とよばれるようになる。しかし前述のごとく、写実という名にもかかわらず、このような技法で描かれた絵画はすべて観察者中心の視覚世界、すなわち2½次元スケッチであり、描かれている視覚対象の真の三次元モデルではない。視覚の最終目標は、視覚対象の三次元モデルを形成することにあり、それこそが対象の実像である。このことを考えるなら、2½次元スケッチは目標到達への途中段階であり、実像に至るまでの不完全なデータのひとつにすぎないのである。その意味では、網膜絵画以前の心像絵画の時代に描かれたものの方が、より実像に近いということもできる。それにもかかわらず、たいていの場合、心像絵画より網膜絵画の方をより写実的であると感じるヒトの脳の働きは不可思議きわまりない。

(3) 日本の絵画

西洋絵画においては、心像絵画の技法は、ルネサンス以降は絵画技法の中心的存在ではなくなっていくが、日本画における絵画の技法としては今日に至るまで綿々と続いている。とくに色彩を用いない墨絵の世界では、心像絵画が主流を占めてきた。西洋絵画と対比しての日本画における心像絵画の技法の特徴は、不可視的画題にとどまらず、可視的画題を描くのにもこの技法が用いられてきたことである。日本画の画題としてきわめてポピュラーな花鳥図や草木図においても、いわゆる写生に基づいて描いたものではなく、心像に基づいて描かれたものが多く見られる（図13）。

しかし、日本画においても、網膜絵画の技法はたしかに存在しており、それが写生とよばれる描画行為である。江戸時代以後、日本画においても写生の重要性が認識されるが、日本画における写生は視線非固定型網膜絵画であり観察対象に迫って観察視点を変えながら、対象のすべての側面を克明に描写する$2\frac{1}{2}$次元スケッチの描画である（図14）。日本画の歴史においては、視線固定型の網膜絵画の技法は、自然発生していないように思われるが、なぜそうなのか、興味ぶかく思われる。

3―脳の絵画

(1) モジュールの認識

西洋絵画においては、視線固定型、あるいは視線非固定型の網膜絵画は、ルネサンス期から一九世紀半ばにいたるまで、描画法の中心をなしてきた。一九世紀後半以降の近代絵画における描画法の変革は、この網膜絵画に対する疑問から始まったといえる。興味ぶかいことに、この変革が、キャンバスの上に描かれるものをより真実に近く表現しようとする考えから生まれたことである。そのような描画法の新たな試みが、網膜絵画から脳の絵画（セレブラル・ペインティング）へという描画法の変換を生み出したのである。すなわち、キャンバスの上に描かれるものが、網膜画像から、脳における視覚情報処理の特定のモジュールを強調した画像に変わっていった。いいかえるなら、$2\frac{1}{2}$次元スケッチのさらに手前の処理段階で止まった画像を描いているのである。先にものべたように、脳は網膜に受容された$2\frac{1}{2}$次元スケッチの視覚情報を一度個々のモジュールに分解して処理した後、それらの結果を再構築して、視覚対象の三次元モデルを組み立てる。網膜絵画では、$2\frac{1}{2}$次元スケッチの視覚情報を、すべてのモジュールにかんしてそのままの形でキャンバス上に表現するのをつねとしてきたが、近代絵画においては、視覚対象にかんする視覚情報処理過程において、一部のモジュールを故意に欠落させたり、またはは逆に一部のモジュールのみを取り上げたりしてキャンバスを構成していく。それは、あたかもそれぞれのモジュールに対応する脳内の神経機構を単独に作動させているかのように思われるため、筆者はこれらの描画法を脳の絵画とよんでいる。そして、この網膜絵画から脳の絵画への変革の先がけをなしたのは印象派の画家たちであった。たとえば、モネの絵画（図15）には、網膜絵画に見る鮮明な輪郭はなく、すべての形態は曖昧であるが、これは輪郭線の認知というモジュールを故意に省いているからであろう。しかし、色彩認知の処理過程については必要以上にこれをこまかく分析している。すなわち、モジュールごとの重要度を意図的に変化させて描出しているという点で、これらの絵画は網膜像ではなく、脳内の神経機構に分解された脳内処理画像であるといえる。

(2) 色彩モジュール絵画

色彩について印象派の画家たちが見出した重要な事実に、ひとつの色彩のように見える視覚対象のなかにもさまざまな波長の色彩成分が含まれている、ということがある。たとえば現実の視覚世界にある赤く見えるものからくる反射光は、けっして虹の赤色のような単純なスペクトル光ではなく、青や黄色に対応する波長成分を含んでいるということである。これに従って描かれた彼らの絵画は、現実の視覚世界の色彩を再現するために、さまざまな波長の反射光を組み合わせ、その相対比のなかに色彩を表現しようとした。この典型がルノアールの描画法である（図16）。この技法は、先にのべた色彩認知にかんするランドのレティネクッス理論を先取りしたものであり、脳における色彩認知の仕組みを巧みに再現しているといえる。

印象派の絵画はどれも色彩の処理過程を重要視しているが、色彩モジュールのみをとくに強調して描いた画家にスーラがいる（図17）。彼の考案した技法である点描法（ポアンティリズム）は、脳内における色彩認知の領域であるV４野を特異的に働かせているように思われる。先に示したように、ヒトのV４野では色のある形を認知することは可能であるが、視覚対象の動きを認知することはできない。スーラの点描絵画では、色のある形が描かれているが、視覚対象そのものの動きはなく、瞬間的にぴたりと停止してしまったような画像となっている。V４野は、まさにこのような画像だけを見ていると考えられるので、スーラの点描絵画は、色彩モジュール絵画とよぶことができるのではないかと思われる。

ここで興味ぶかいのは、スーラの点描画法における個々の点の大きさである。詳細に観察すると、彼の描いた点の大きさはけっして一定ではなく、かなりまちまちな大きさの点が用いられているが、最小の大きさの点はだいたい直径一ミリメートル程度である。網膜中心窩上の理論的な最高視力はほぼ二・〇であり、これは視角にして〇・五分、すなわち〇・〇〇八度となるので、これに基づいて計算すると、一ミリメートルの大きさの点をキャンバス上で識別できる限界の距離は三・四メートル程度になり、画面からこれ以上離れると隣り合った複数の点が中心窩上の同一の視細胞に受容されることになる。したがって、スーラの絵においては、画面から三・四メートル以下の近い距離で見る場合と、三・四メートル以上の遠い距離で離れて見る場合とでは、色の見え方が異なってくるはずである。これよりも近い距離で見ると、並置した複数の点の色彩は混合しなくなるが、これ以上離れれば複数の色彩が混合する。彼は点描で描いた複数の色彩が脳内で混合することを期待したのであるから、スーラの絵を見るときは、画面から少なくとも三・四メートル以上離れるべきだということになるのではないだろうか。

(3) 運動視モジュール絵画

運動視モジュールをとくに協調して描いた画家は少なくない。ゼキは、彼らの描画法をキネティック・アートとよんでいるが、正確には運動視モジュール絵画とよぶべきであろう。いずれにせよ、これは運動視を認知している脳領域であるV５野を特異的に働かせ、視覚連合野のほかの領域の働きを極端に抑制する絵画である。イタリアにおける未来派の画家たちは、この運動視モジュール絵画を好んで描いているが、運動視モジュール絵画の傑作としてゼキが取りあげているのは、マルセル・デュシャンの「階段を降りる裸体No.2」（図18）である。そこでは、肉体の運動のみが表現され、動いている肉体の形や色彩は曖昧であり、画家は運動視モジュールのみを表現することに見事に成功している。ゼキはまた、レヴィアントの描く「謎」という絵画（図19）を見ているときの大脳皮質活動を、ＰＥＴスキャンを用いて解析し、運動視モジュールを担っているV5に相当する大脳皮質のみが特異的に働いていることを証明した。このような絵画は運動視モジュール絵画の典型と言える。

(4) 形態視モジュール絵画と空間視モジュール絵画

ピカソの描く「三人の楽士たち」が、脳における視覚情報処理経路のうち、形態視の機能を担っている腹側経路のみを作動させて見た視覚世界に対応しているということは、第1章ですでにのべた。今世紀初頭に生まれたキュビズムの描画法では、そのような形態視モジュールのみが強調されている。古典的なキュビズムの描画法とはいささか異なってはいるが、ピカソを尊敬するフランシス・ベーコンの「イザベル・ロースソーンの肖像習作」(図20)においても、バラバラにされた形態が、空間的な位置関係を失って描かれている。彼らの描く画面に現れるさまざまな形態は、空間的な位置情報を伴っていないために、描かれた視覚対象が、どこにどのような向きで存在しているのかをしることができなくなっているのである。

これに対し、モンドリアンの「しょうが入れのある静物II」(図21b)では、空間視の機能を担う背側経路のみが作動している。この絵と同じときに描かれた「しょうが入れのある静物I」(図21a)を見れば、三次元モデルの内の形態視情報が次第に失われ、個々の輪郭線の長さ、方向、位置関係の情報のみが取り出されていくようすがよくわかる。かくして、空間視モジュールのみの視覚情報が残された絵画が完成した。

このように、一九世紀後半から今世紀初頭にかけての近代絵画は、脳内の視覚情報処理におけるモジュールに従って分解された描画法を取り込んできた。この動きは、網膜絵画から脳の絵画への変遷として捉えられるのではないだろうか。

4—文脈的再構成絵画

(1) 視覚認知における文脈

このようにしてモジュール絵画として生まれてきた脳の絵画は、さらに発展して視覚的記憶の脳内機構にかかわっていくようになった。そのような絵画の中心は文脈的再構成という方法である。われわれを取り囲む視覚世界においてはさまざまな視覚対象のあいだに一定の関係があることを、われわれは日常の視覚的な経験のなかから学ぶ。これは視覚的知識として意味記憶のなかに蓄えられ、われわれがなんらかの視覚世界を体験し、視覚的認知活動を営むときに、この視覚的知識が動員される。視覚的知識のなかでもっとも重要なことのひとつは、視覚対象の大きさについての知識であり、たとえば櫛とベッドでは後者の方が圧倒的に大きいということをわれわれはよくしっている。またわれわれは、同じ大きさのものが遠くにあれば、近くにある場合より小さく見えるということも知識としてしっているし、ある特定の輪郭線で囲まれた図形があったとき、輪郭線で囲まれた内部が図であり、その外側は地とよばれるものであるということも、よくしっている。このような視覚的知識を動員することによって、複数の視覚対象の関係を正確に認知できるのは、視覚認知の文脈があるからである。すなわち、視覚世界の合理性を保証するためには、そこに知覚されるすべての視覚対象にかんする知識を動員し、その相互関係が視覚的知識に矛盾していないかどうかを確認する必要がある。このような合理的相互関係が視覚的文脈である。

(2) シュルレアリズムにおける文脈的再構成

第一次大戦後に誕生したシュルレアリズム絵画の描画法をよく表しているものにルネ・マグリットの「個人的な価値」がある(図22)。ここに描かれた櫛、グラス、マッチ、ブラシ、ベッド、箪笥は、いずれも視覚対象としてまぎれもなくリアルな網膜像、すなわち2½次元スケッチとして描かれているが、大きさの相互関係は視覚的知識に矛盾し、また壁が青空になってしまっていることも、われわれの日常の視覚体験に反している。画家はこれらの視覚対象の相互関係を通常のものとは違ったものに置き換えている。これが文脈的再構成である。マグリットはさまざまな形の文脈的再構成を行った画家であるが、それは主として視覚的知識、すなわち視覚的意味記憶に基づく文脈の再構成であり、いわば空間的文脈再構成といえるような技法であった。

これに対し、視覚的な出来事の記憶に基づく文脈の再構成を描画法の中心とした画家たちがいる。その代表としてここではシャガールをあげたい(図23)。シャガールの描くキャンバスの上には、画家の出来事の記憶として蓄えられている視覚的記憶痕跡が、その時間的相互関係て描かれているのである。

とは無関係に描かれている。彼の絵画は、いわば時間的文脈再構成といえるような技法によって描かれているのである。

多くのシュルレアリスト画家たちは、空間的文脈と時間的文脈の双方にわたって再構成を試みている。そして、このような空間的・時間的文脈再構成の営みは、夢の世界や薬物性の幻覚の世界においては、現実の視覚体験として出現するものであり、シュルレアリストの描く絵画と夢や幻覚とのあいだには、ある種の類似性が指摘されている。いずれの場合にも、脳に蓄えられている視覚的な記憶の動員という脳の活動を基盤にしているという意味において、文脈的再構成という描画法は、まさに脳の絵画のひとつの方向であるといえるのである。

拡大鏡や望遠鏡を介して観察した視覚世界を、肉眼的観察の場であるキャンバスの上に実現するというスーパーレアリズムの描画技法もまた、文脈的再構成のひとつの方法である。木下晋の描く肖像画（図24）には、肉眼ではとても見ることのできない細部が描きこまれているが、このような肉眼観察という場における視覚体験と矛盾する視覚世界を描く技法は、絵画の脳科学的分類上からは、文脈的再構成の範疇に入れられるべきものであろう。

5—視覚体験を離れていく絵画

(1) 見る過程から描く過程への方向転換

脳の絵画は描画法の新しい流れを数多く生み出したが、いずれもまだ視覚体験のなかで描かれた絵画であった。しかし、第二次世界大戦を境として、視覚体験に基づかない絵画の技法が生まれてきた。脳の絵画が、視覚対象を見るということはどのようなことかという問いから生まれたのとは違って、なにを視覚対象とすることができるのか、という問いに始まったこの描画法は、それまで誰一人体験したことのない視覚対象を創造する試みである。それは心像のなかにさえ存在しない視覚世界を実現する作業であり、絵画というものの存在意義の比重を、見るという過程から描くという過程へと大きく方向転換させる流れであった。表現主義とか抽象絵画とよばれるような流れのなかの画家たちの多くは、このような描画法を作り出していった。脳科学の立場から見ると、絵画におけるこの流れは二つに分けられる。その第一は、あくまでも視覚的認知のみにとどまって新しい視覚体験を創造していく方法であり、第二の方法は視覚以外の様式の感覚、とくに触覚や運動感覚といった体性感覚を動員することによって新しい視覚体験を創造していく方法である。

(2) 新しい視覚体験の絵画

第一の方向は、あくまでも視覚認知の世界のみにとどまりつつも、新しい視覚体験を創造していくという試みである。そのような描画法で描かれたキャンバス上には、日常生活のなかでの視覚体験に基づく見知った形態というものは一切なく、まったく新しい視覚対象、すなわち超可視的な画題が視覚対象として描かれる。カンディンスキーの抽象絵画はその好例であろう（図25）。彼らの絵画に描かれた形態は、視覚情報処理の腹側回路によって形態として認知されるが、これと照合されるべき視覚的な形態の意味記憶は脳内に見出されれることがなく、そのものだけの新しい視覚的記憶として脳内に蓄えられることになる。すなわち、個々の作品それ自体が新しい視覚体験を与えている。

(3) 体性感覚絵画

一方、体性感覚絵画とよぶことができるような、視覚という感覚様式を越えて、体性感覚の領域に深くかかわるようになった描画法の流れがある。体性感覚といっても、主として触覚を取り入れるものと、運動覚を取り込んだものとがある。前者では、絵の具の厚塗りをしたり、絵の具のなかに砂などをまぜて、画面が触覚刺激を与えてくれるように描かれている。ここでは、フォートリエの作品（図26）を例としてあげるが、このキャンバスに描かれている触覚的な世界は、視覚のみに頼る写真からはとても想像することができないであろう。

体性感覚絵画のもうひとつの流れは、アクション・ペインティングとよばれる描画法であり、その代表はなんといってもジャクソン・ポロック（図27）であろう。彼らは視覚とともに運動覚を用いた方法によって絵画を作成している。しかし、日本画、とくに墨絵の世界では、運動覚を取り込んだ絵画の技法が古くから取り入れられていることは、すでにのべたとおりである。

(4) 描画法の歴史的展開

以上にのべたように、西洋絵画における絵画を作成するアルゴリズムにあたる描画法は、心像絵画の描画法から始まり、ついで網膜絵画から脳の絵画へと進化してきた。脳の絵画の最初の段階は、視覚認知にかかわるモジュール性を意識した絵画であったが、やがてそこから視覚的記憶や文脈的再構成のプロセスにかかわる描画法が生まれ、そして視覚情報以外の感覚情報を取り込んだ描画法へと発展してくる。このような歴史的展開を見ると、網膜絵画以後の描画法の進化が、網膜に始まる視覚情報の流れをほぼ忠実に追う形で発展してきたことに驚かされる。網膜にはじまり、視覚関連皮質によってモジュール別に処理された視覚情報は、視覚的な記憶に関連する側頭葉内側部皮質に送られ、また前頭連合野の働きによって文脈的に処理される。そしてまた、これには体性感覚野から由来する触覚や運動覚の情報が加わってくることによって、ヒトは外界を認識していくわけであるが、描画法の進化がこの外界の認識にかかわる神経回路の道筋と平行しているのは、たんなる偶然というだけでは片づけられないように思われる。絵画表現の方法を追求する直感が、画家たちをしてこのような道筋を辿らせたのは、視覚を通じて外界を認識するというプロセスを考えていく上での当然の結果だったのであろうか？

【第3章の補遺】

初版の第3章において、私は、人類史上における絵画の進化について論じた。これは、特に西洋絵画の歴史的変遷において顕著に見られるものであり、古典的な写実絵画の技法が完成していくことにより、心象絵画から網膜絵画への変化が生じ、次いで一九世紀後半になり、脳における視覚情報処理のモジュール構造を先取りしたかのような、脳の絵画が誕生した。二〇世紀になると、文脈的再構成絵画と私が呼んだシュルレアリズム絵画が抬頭してきたが、それも束の間で、間もなく絵画の表現は、視覚体験を離れていくようになった。すなわち、抽象表現主義の誕生である。そして今日、出現した当時は絵画としてはなかなか認められなかった抽象表現主義の絵画は、今や、それほどの抵抗もなく、人々に受け入れられている。もし抽象絵画が絵画として人々の心に受け入れられていなければ、カンディンスキーやジャクソン・ポロック、あるいは難波田龍起や野見山暁治の展覧会に、大勢の人々が集まって来るはずはないのである。

そんな中で私が問題視するのは、序章の章末の補遺でも述べた洞窟絵画に対する研究者の表現である。描き手が旧人であったか新人であったかを問わず、洞窟絵画には、具象的な絵画とは別に、円盤や線分、あるいは梯子や格子といったような図形がたくさん描かれているが、絵画洞窟の研究者の論文、あるいはその紹介記事中で、これらのものを抽象絵画と呼んでいることには、大いなる疑問を覚えざるを得ない。抽象絵画というものは、綿々たる具象絵画の歴史が続いた後に、これに飽き足らなかったアーティストたちが、人類が視覚的に未だかつて経験したことのないような造形作品として世に出したものを意味している。したがって、未だかつて具象的絵画を描いたことのないものが、抽象絵画を描くということはあり得ない。新人出現以前の洞窟で描かれたのは、図形ではあっても抽象絵画とは言えない。むしろ、何か呪術的な意味を持つ記号として描かれたのではないであろうか。

そのような意味から、私は、絵画洞窟に描かれた具象性のない図形を絵画とはみなしていない。子供の頃銭湯で見た金太郎の刺青には、今でも絵画性を感じるが、単なる線や丸を描いただけのボディー・ペインティングには、絵画性は感じられない。このような視点から見る限り、今日まで、旧人、すなわちネアンデルタール人が描いた〝絵画〟は、未だかつて見いだされていないといってよいように思う。進化史上、具象性のある絵画を描くことができたのは、やはりヒトだけであったと、私は信じているのである。

第4章　絵画における創造性

1――視覚的思考

(1) 思考とはなにか

ヒトは外界から受容したさまざまな感覚情報のなかから意味ある情報を引き出し、それらに基づいて自己がいかに行動すべきかを判断する。この過程が思考であり、視覚情報から始まる思考の過程、あるいは視覚情報を作り出す行動を生み出す思考の過程は、視覚的思考とよぶことができる。ヒトが視覚という感覚様式をつうじてどのように外界の情報を得るか、そしてそれらの情報に基づいてどのように行動するかをのべた第1章と第2章の内容は、この視覚的思考のなりたちを説明するものであった。絵を見る、あるいは絵を描くといった絵画活動は、この視覚的思考のなかでももっとも重要な部分である。

一般に思考とよばれる精神活動には、なにが問題なのかを見つけ出すタイプの問題発見型思考と、与えられた問題を解くタイプの問題解決型思考とがある。視覚的思考としての絵画活動にもこの両面があり、絵を見る場合にも絵を描く場合にも、この両者は同時に作動しうるものである。たとえば、一枚の絵を見る鑑賞者はまず、そこに描かれているのはいったいなになのか、という問題解決型思考をするのが普通である。その解答はかんたんに得られることもあるが、場合によってはなかなか解答が得られないような絵画も少なくない。いずれにせよ、その場合には、描かれたものが与えてくれる視覚情報を懸命に分析し、自己の視覚体験で得られた視覚的記憶と対照するという精神活動が営まれることになる。また、絵を見る多くの人びとは、画家がなぜその絵を描いたのかをしりたくなり、これについてあれこれと想像をめぐらせる。これもまた問題解決型思考のひとつである。また、目の前に見るキャンバスのなかに、それまでの自分の知識のなかにはなかったなにものかを発見することも少なくない。一枚の絵画を前にしての、こんな絵があったのか、こんな画家がいたのか、こんな描き方があったのかというような発見は、それを見る人びとの新しい視覚体験となり、その人の脳内に蓄えられている視覚世界を拡大していくことになる。これは、問題発見型の思考である。

描く側の画家においても、なにを描こうかという問題発見型思考と同時に、それをどのように描くかという問題解決型思考が要求されていることはいうまでもない。さらに、これらの二つのタイプの思考は、互いに独立したものではない。問題を発見すればそれに対する解答を探す必要が生じるが、問題解決の途中で新しい問題を発見することになるということも少なくない。また、発見した問題の解答を見出すことができた場合にも、そこから新たな問題発見への道が生まれる。このように、二つの型の思考は互いに重なりあい、連環となって繰り返されていく。この連環の過程が、絵画表現であるが、問題発見にしても、問題解決にしても、すでに自己の知識として蓄えられている問題を発見できるだけであったり、すでに自己の知識のなかにある解決方法によって問題を解くことしかできないのが普通である。そのため、多くの場合、この表現連環は自己の知識体系のなかから外に出ることができず、途中で行き詰まってしまう。そうすると、そこでこの表現連環が途切れてしまい、視覚的思考が止まってしまうのである。

絵を見る場合にも、自分のすでにもっている視覚体験のなかでしか絵を見ることのできない人びとは、自己の知識の範囲内でそのキャンバス上になにが描かれているかが理解できないと、新しい視覚体験を与えている絵の前からは立ち去ってしまう。すなわち、問題解決にも、問題発見にも至らずに、視覚的思考の連環が途切れてしまうのである。われわれ一般人にとって、これは日常的に繰り返されている現象であろう。それでも、われわれの日常生活において、自分の脳内にある視覚世界がうまく機能していると感じられるかぎり、絵を見たときの視覚的思考の連環が途絶えたとしても、それほど大きな意味はない。しかし、絵を見るという、はじめに視覚対象が与えられている場合と異なり、なにもないところから出発しなくてはならない絵を描くという場合には、視覚的思考のこの連環が閉じてしまっては、新しい視覚体験を生み出すことができなくなる。画家にとっての表現とは、なにを描くのか、どのように描くのか、という問題に対する視覚的思考の連環であり、それが意識されねば、キャンバスの上にはなにも現れてこない。視覚的思考の連環を生み出し、それを保持していくことは、創造性とよばれる。

(2) 大脳機能分化の三つの軸

ヒトの大脳には三次元の機能分化軸がある。そのひとつは左右大脳半球の機能分化であり、ヒトの言語機能は一側大脳半球に偏って存在し、右手利きの人では約九八パーセントに、左手利きの人でもその約七〇パーセントには、左半球に言語能力が存在することがしられている。このため左半球は言語機能に対し優位半球と名づけられ、右半球は劣位半球とよばれている。一方、視覚構成機能においては、言語機能の点では劣っている右半球の方が能力的に優れており、左右大脳半球間にはかなり普遍的な機能分化が認められている。しかし、視覚構成機能の左右大脳半球機能差は、言語機能の左右差ほど極端なものでないことは、先にのべたとおりである。したがって、左右軸上での機能分化は、言語機能の左右差によるものであるということができよう。このような左右分化軸の存在は、ヒトの脳機構を考える上のきわめて重要なポイントである。

第二の分化軸は、主として頭頂・後頭・側頭葉など大脳半球後半部に存在する背腹方向の分化である。この背腹分化軸は、視覚情報処理でとくに顕著であり、第1章でのべたように、腹側経路に代表される形態視の神経機構と、背側経路で営まれる空間視の神経機構とでは情報処理機構の原則が異なっている。腹側経路における情報処理の原則はアナログ的であり、脳内に蓄えられている視覚的記憶痕跡との照合が主体をなすが、背側経路の処理機構はディジタル的であり、視覚情報とほかの感覚様式の記憶痕跡とのあいだの対応関係をとくことが基本となっている。すなわち、後方連合野における背腹軸上の分化は、情報処理の様式がディジタル的であるか、アナログ的であるかということの二分法として理解することができる。

ヒトの大脳の働きを考える上で重要な第三の軸は、前後方向の分化軸である。頭頂・後頭・側頭葉にまたがって拡がる後方連合野と、前頭葉に拡がる前方連合野は、ともに視覚、聴覚、体性感覚などのさまざまな様式の感覚入力を受けるために、多様式感覚受容連合野とよばれている。このように入力の様式という点ではよく似た領域でありながら、前方連合野と後方連合野とでは、その働きの仕組みが正反対である。後方連合野は外界からの感覚入力に直接的に反応する行動を引き起こし、前方連合野はそれらの感覚人力に間接的に反応する行動を受けもっている。たとえば道具の使用という行動について考えてみよう。机の上にフェルトペンが置いてあったとき、後方連合野の損傷を受けた患者では、これを見てフェルトペンだと認識し、手にとることができても、正しく使用することができず、櫛のようにもって髪をとく動作をするというような誤動作をすることがある。このような現象は、観念失行とよばれている。観念失行の患者は、手にしたものがフェルトペンであるとわかっており、またそれは書いたり描いたりするのに用いるものであって、髪をとくのに用いるものではないとわかっているのに、フェルトペンを見てこれを手にもつという形での感覚情報を得ても、正しい動作を行うことができない。すなわち、後方連合野で営まれるはずの外界からの感覚入力に対して適切に反応する能力を失ってしまったからである。一方、前方連合野に損傷のある患者では、フェルトペンを見たとたんにこれを手にとり、字を書きまくり、絵を描きまくることがある。フェルトペンを使わないようにと指示しても、この行動をおさえることができない。このような行動は道具の強迫的使用とよばれる現象であり、正常状態にある前方連合野は、このような直接的行動を抑制していると考えられている。すなわち、前方連合野の損傷を受けた患者では、ここからの抑制が失われてしまうため、外界からの感覚入力に直接的に反応する後方連合野による行動のみが出現してしまうのである。

(3) 前頭葉症状

同様の意義を有する模倣行動とよばれる現象が前方連合野の損傷で生じることも報告されている。そのような患者の目の前で、舌を出すとか、眼鏡をかけるとか、しかめ面を作ったりするというような仕草をすると、模倣をしないようにとあらかじめ告げておいても、患者はその動作を模倣してしまう。これもまた、外界からの感覚情報に基づいて直接行動を起こすことを抑制し、後方連合野が企図した行動を実現することの可否を判断する機構を有する前方連合野の働きを失ったため、外界からの感覚入力に対して後方連合野が直接的に行動を起こしてしまう現象であると考えられる。このような、前方連合野の損傷によって外界からの感覚入力に対する直接的な行動が抑制されずに出現してしまう現象は、環境依存症候群とよばれている。

ヒトの前頭葉損傷で生ずる異常としてよくしられているものに、保続という現象がある。保続とは、なんらかの課題遂行に際し、同じ反応を繰り返してしまう現象であり、いくつかの異なった種類のものに分けられている。たとえば、失語症患者では、物品の絵を見てその名称をいわせるような呼称課題をうまく遂行できなくなることが多いが、そのような患者では、しばしば一回のべた名称を意図せずに繰り返すことがある。このような形の保続は回帰性保続とよばれる。たとえば、呼称課題において、「犬」の絵を見て「牛」と呼称した患者が、そのつぎに「時計」の絵を提示されても「牛」、さらに引き続いて「煙草」を提示しても「牛」と呼称するような現象である。この方の保続は、左半球側の後方連合野の損傷で生ずるといわれる。第二のタイプの保続は、持続性保続とよばれているもので、いま行っている行動がそのまま止まらずに続く現象である。たとえば筆記体小文字のｅを続けて四回書いた手本を見せて模写させると、ループを四回書いたところで止められず、そのまま六回も八回も続けてしまう。このようなタイプの保続は、右半球損傷によって生じるとされている。

これらのタイプの保続に対し、前頭葉障害と関連すると考えられているタイプの保続は、セット執着性保続とよばれるものであり、課題遂行の方法やルールを変えることができず、一定のやり方に固執してしまうという現象である。このような異常を発見するためにしばしば行われるのは、ウィスコンシン・カード・ソーティング試験である。これは、色と数と形が互いに異なった四枚の刺激カードの下に、検者が設定したどれか特定の分類範疇に従って、被検者が

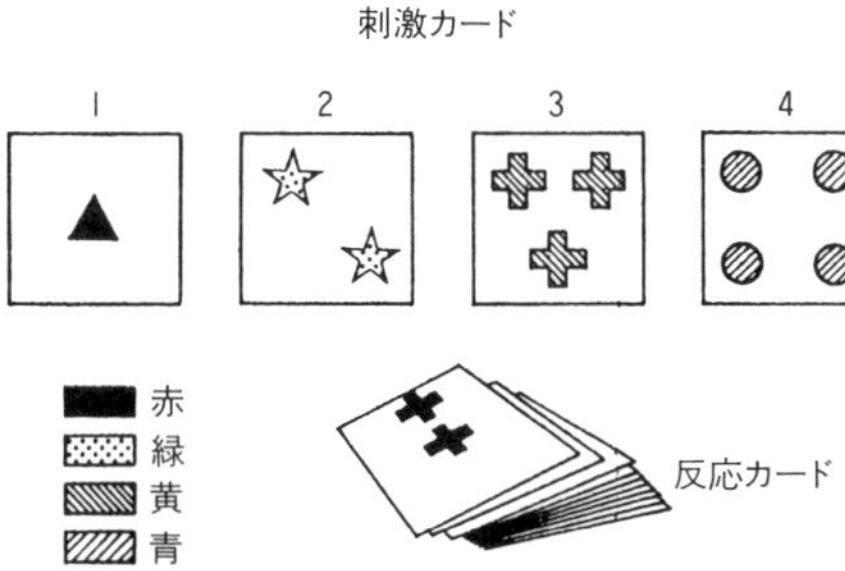

図1　ウィスコンシン・カード・ソーティング試験

被検者が反応カードを上の4枚の刺激カードの下に並べていくと，検者はあらかじめ設定した分類範疇にあっているかどうかだけを告げる。

手持ちの反応カードを並べていくという試験である。このとき、検者が設定した分類基準となるべき範疇が、色、数、形のうちのどれであるかを被検者にはしらせず、並べたカードが検者の設定した分類範疇に一致しているかどうかだけをしらせる。たとえば、図1のようなときに被検者がカードを1の下に置いた場合、もし検者の設定した分類範疇が色であれば「あっています」、数や形であれば「まちがっています」とだけ被験者に告げる。前者の場合には、被験者は分類基準がすぐに理解できるため、その後のカードを色の範疇に従って分類していくことになる。後者の場合には、二枚目のカードを今度は数か形の範疇で分類することを試み、正しい分類基準を探し当てようとする。このようにして正しい分類基準が発見されれば、正答が続くことになるが、ここで検者は予告なしに分類基準となる範疇を変更する。するとそれまで正答であったものが誤答になってしまい、被験者はあらためて新しい分類基準を探り当てなければならない。前頭葉損傷の患者では、知能が正常であっても、この試験を行うと、しばしば分類基準が変えられてもなお、それ以前の基準に従って分類を続けようとするような現象が見られる。これがセット執着性保続であり、精神活動のやり方を変更することができないという異常である。

ヒトの前頭葉の損傷によって生ずるこれらの異常をみると、前頭葉の機能というものは、外界からの感覚入力に対して直接的、かつ紋切り型なやり方で行うような行動を抑え、適切な行動を選択して実現に移すというものであることがわかる。

(4) 前頭葉の神経活動

一方、前方連合野の神経細胞記録を行ったマカクザルの実験では、前方連合野の中心をなす前頭前野には、go/no-go 細胞とよばれる神経細胞のあることが見出されている。あらかじめレバーを押しているマカクザルに、赤いランプがついたらレバーを離すと報酬がもらえるが、緑のランプがついたときにはレバーを離さないでいないと報酬がもらえない、という課題を学習させると、緑のランプがついてレバーを離さないでいるあいだ活動する神経細胞が見出されるが、この神経細胞の活動は、この学習が成立する過程で出現してくることがしられている。すなわち、感覚情報の意味を解読し、それに従って適切な行動を選択するときに働く神経機構に関係する神経細胞であることがわかるのである。

前方連合野の神経細胞の働きとしてしられているもうひとつのものは、作業記憶にかんするものである。たとえば、目の前のスクリーン上の中心点を注視させておいたマカクザルに、スクリーン上のさまざまなところに視覚刺激をごく短時間与え、刺激が消えてしばらくしたら、その刺激の提示された場所に視線を移す、という課題を学習させると、ある特定の部位に刺激が提示されてから、視線を移動させるまでのあいだだけ活動する神経細胞が見出される。このあいだは、刺激に現れた部位を覚えている時間であるので、この神経細胞は視線を移さねばならない場所を覚えているための神経活動、すなわち視空間内の位置にかんする作業記憶を担っていると考えられる。

このような動物実験からも、前方連合野は、外界からの感覚入力に、即物的かつ直接的に反応するような行動を起こすのではないということと同時に、前方連合野は感覚入力の情報をいったん作業記憶として脳内に蓄え、それに基づいて適切な行動パターンの選択を行っていると考えられる。すなわち、脳における情報処理の第三の分化軸である前後軸は行動様式を直接行動と間接行動とに二分している。大脳の後方連合野は、感覚入力に直接的、紋切り型の行動を起こそうとするのに対し、前方連合野はいったんこれを押し止め、自己のもつ行動のレパートリーのなかから、もっとも適切だと考えられる行動を選択して反応する。このように、前方連合野には、外界からの感覚情報にしばられずに行動様式を選択し、しかも状況の変化に応じて行動様式を変えていくことができるという働きがあるため、前頭葉と創造性との繋がりが考えられるのである。

(5) 描画の流暢性

創造性とは新しいものを作り出す能力のことである。絵画活動においてその指標となると考えられるもののひとつに、描画の流暢性がある。モントリオール神経研究所のジョーンズ＝ゴットマンらは、局所脳損傷患者を対象としてこの問題を検討している。彼女たちは、実在の物品やその部分、名前の付いている幾何学図形などではない自由な新しい図形を、五分間にできるだけたくさん描かせてみた。その結果、右側の前頭葉、あるいは前頭葉から中心部に脳損傷のおよんでいた患者で、新しい図形の産生能力がもっとも低いことが見出された。左前頭葉損傷患者でも、正常者に比較すると新しい図形の産生能力が低くなっていたが、右前頭葉損傷者ほどではなかった。これらの前頭葉損傷患者のなかには、同じ図形を繰り返し描いたり、あるいは同じ図形を向きを変えながらいくつも描くというような保続が認められた（図2）。すなわち、描画の流暢性にもっとも関係するのは前頭葉、とくにその右半球側であろうと考えられる。

このことから考えると、描画の流暢性を保証している前頭葉が、絵画活動における創造性のなかで、きわめて重要な役割を果たしていることはおそらく間違いないであろう。しかし、創造性のすべてを前頭葉に帰することはできない。視覚的なイメージの想起には後頭・側頭葉も

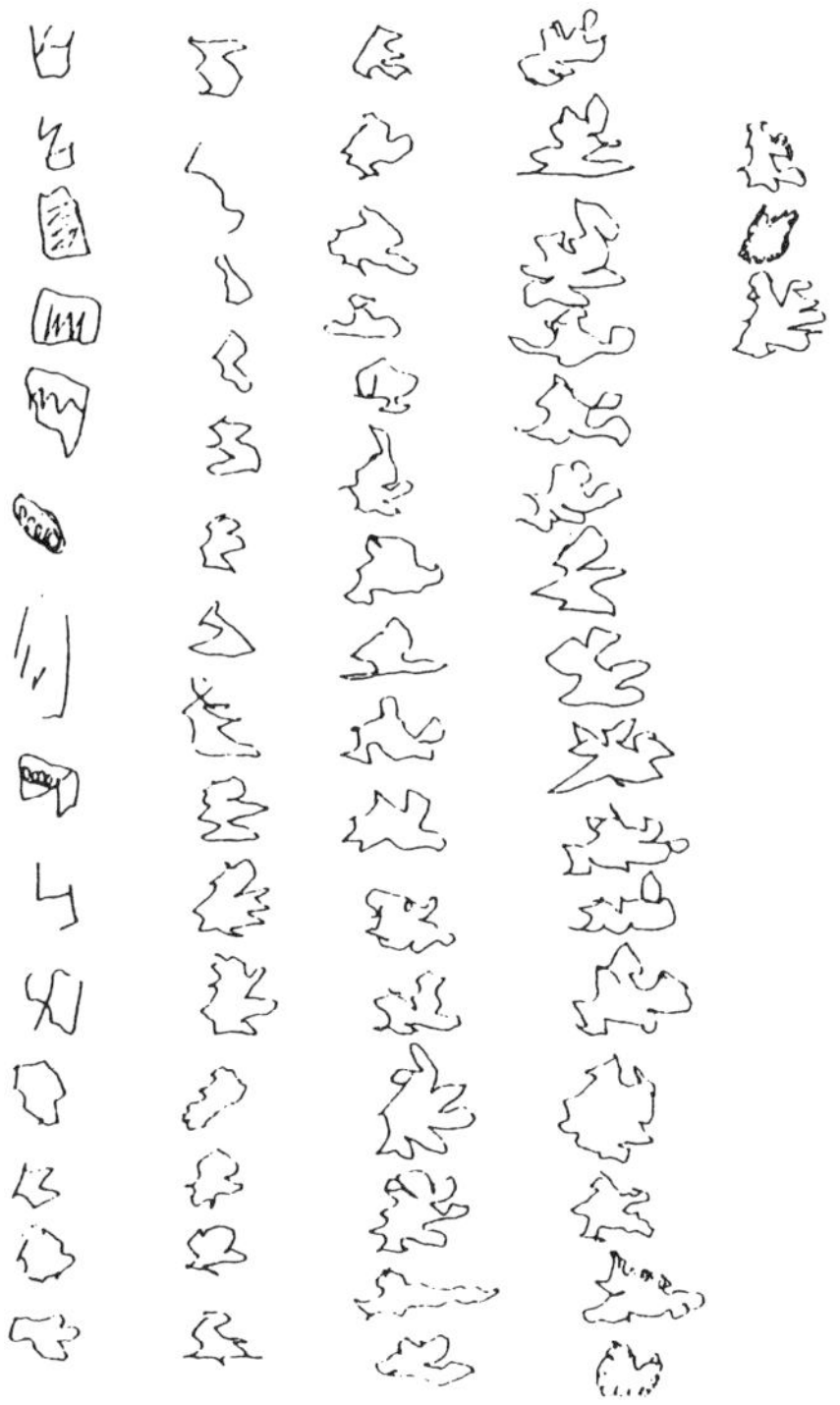

図 2　右前頭葉損傷による描画の保続（M. ジョーンズ＝ゴットマンら，1977 より）

左上から描き始めているが，途中からほとんど同じ形の繰り返しになってしまう。

関与しているであろうし、視覚構成機能に深くかかわっている頭頂葉が創造性にまったく関与していないとは考えにくい。ただ、前方連合野が大きくかかわっていると考えられる作業記憶や、no-go 反応で代表されるような間接的行動様式の選択、それが破綻したときの環境依存行動や保続という現象を考えると、紋切り型の反応とは異なったなにかを産生する創造という営みにおいて、前頭葉が主役をなすであろうと考えても、おかしくはないと思われる。

2―創造性と独創性

(1) 独創性とはなにか

創造性とは、個体の思考の連環のなかにおいて、なにか通常から逸脱したものを生み出す能力である。そのような思考の連環における通常からの逸脱は、外界からの感覚入力や自己の内に蓄えられている記憶などを取り込んで、思考という精神活動に提供している作業記憶のなかで生ずるものであろう。ヒトの思考の連環には、つねにこのような現象が生じうるため、いかなる行動であっても、創造性が入り込んでくる余地がある。個体レベルにおける創造性は、繰り返しの多い日常生活に変化を与え、個体レベルにおける新しい知識の獲得に繋がっていく要因となっている。しかしときには、創造性によって生ずる思考過程の通常からの逸脱が、社会レベルでは他の個体に、好ましくない効果をもたらすことにもなる。そのような不都合な逸脱を防ごうとすれば、個体レベルでの創造性の発現を抑制するために、社会レベルで認められた行動のマニュアルが必要となる。いいかたを変えれば、この社会的レベルでの行動マニュアルは、社会的制約として個体レベルでの知識体系に取り込まれ、ヒトの思考の連環を大きく制限しているのである。したがって、多くの場合、個体レベルでの創造性の発現は、この社会的な行動マニュアルにある規制の範囲内で生じ、これを大きく逸脱することは困難である。しかしときに、この社会的なマニュアルを逸脱して自己の創造性を発現する個体が現れると、その個体の創造性は、独創性という名を帯びるようになる。すなわち、社会的なレベルにおける創造性が、独創性であるといえる。

画家の独創性も、社会的レベルにおけるその創造性に端を発している。絵画活動という場における社会的な行動マニュアルには、先にものべたように絵画のテーマ、画材、そして描画法という三つの部分があり、独創的と評価されるような画家たちは、これらのどれか、あるいはほとんどの部分において、社会的な行動マニュアルを逸脱した視覚的思考ができた人びとである。そのようなきわめて独創的な画家たちが、今日の絵画活動を実現するに至る道を切り開いてきた。そして驚くべきことに、彼らがたどってきた描画法の発展の道筋は、神経生理学的な原理に忠実に従っていたのである。

(2) 芸術の轍を辿る科学

描画法の歴史的展開をたどると、新しい描画法を築き、これを実践していった画家たちは、その後長い年月を経て、神経科学の研究者たちがやっと探し当てることになる視覚生理学の原理を直観的に予感し、その原理をキャンバス上にはっきりと示していたことに驚かされる。網膜における光受容性の特徴を、あれほどまでに的確に再現したレンブラントの時代は、デカルトの時代と重なっている。デカルトにとって、見るということは、眼球を通った光が松果体に達することであり、網膜の光感受特性に思いを馳せることは想像だにできなかった。これと同様に、一九世紀末から今世紀初頭にかけ、多くの独創的な画家たちが脳の絵画を形造っていたころ、脳における視覚情報処理過程がモジュール構造を有するということは、科学者たちには夢想だにできるものではなかった。まして、視覚的記憶の文脈構造や、視覚と体性感覚の結合などという問題に、神経科学の研究者たちが本格的に乗出してきたのはたかだか、ここ一〇年ほどのことである。このような事実を目の前にすると、見ること、描くことというヒトのもっともヒトらしい特性を追い求めるにおいて、画家たちはつねに神経科学者たちに先んじていたことを実感する。いいかえるなら、視覚的思考という精神活動において、画家たちは問題発見型の思考過程を中心とし、神経科学者たちは、問題解決型の思考を行ってきたといえよう。神経科学者たちは、つねに、独創的な画家たちの轍をたどるという、後追いの立場に甘んじてこざるを得なかったのである。

増補新装版へのあとがき

『見る脳・描く脳』を上梓してから、もう二〇年以上が過ぎてしまった。この間、この書の副題である〝絵画のニューロサイエンス〟の分野では、多くの新しい知見が得られてきている。たとえば、この本を書いた時点では、私たちの祖先が描いた絵として最も古いと考えられていたショーヴェ洞窟の絵画よりはるかに古い時代に描かれた造形作品が発見され、本書で論じた〝ホモ・ピクトル〟の定義についての再検討が必要となってきていたが、この本の復刻出版が決まった直後、英国の科学雑誌〝*Science*〟に、スペインの洞窟に描かれた幾何学模様や斑点は、われわれの直接の祖先がまだ住んでいなかったと考えられる六万年以上前に描かれていたことを告げる論文が掲載された。すなわち、旧人（ネアンデルタール人）は、少なくとも図形を描く能力を持っていたということが、はっきりと証明されただけでなく、その能力を、何らかの意図の下に、真っ暗な洞窟内で発揮したことが明らかにされたのである。その意味では、旧人もまた、ホモ・ロクエンスであるだけでなく、ホモ・ピクトルでもあった可能性が否定できなくなってきた。ここ二〇年の間にこのことを感じていた私は、すでに、私たち現生人類に対しては、ホモ・ピクトル・ムジカーリス（Homo pictor musicalis）、すなわち〝描き、かつ音楽するホモ〟という名前を与えるのが適当なのではないかと提唱していたが、今回新しい形で復刻させていただくにつけては、本書初版の出版以後にわかってきたことを、若干書き加えるべきと考え、各章の章末に補遺をつけさせていただくことにした。

初版を書いた時点では、自分自身の知識不足から詳しく論じることのできなかった〝描く〟能力の進化、あるいは発達に関しても、その後の知識の集積により、かなりはっきりと道筋をつけて論じることができるようになった。まず、京都大学霊長類研究所で行われた、ヒト以外の霊長類とヒトの描画行動に対する比較研究により、描画技術と、描かれた対象に対する気付きの解離、という重大な問題点が指摘された。すなわち、描かれたものが何らかの外界の事物の表象であるということは、ヒトの幼児では容易に理解できるが、チンパンジーではまったく理解できないということが、あきらかにされたのである。また初版上梓後、私は、幼児の描画行動の発達を、自分自身で身近に確認する機会を得たのだが、それは私にとってきわめて貴重な出来事であり、その経験を通して、描画行動における言語の役割の重要性について、深く考察することができた。

また、初版では、描画における作業記憶に関して、ウィリアムズ症候群という、染色体部分欠損症について若干触れたが、その後、永井知代子博士は、この病態における描画能力に関して詳細な認知心理学的研究を行い、この病態における描画能力障害のメカニズムをあきらかにしたので、その内容も加えた。

初版において論じた「脳から見た絵画の進化と視覚的思考」は、今日の造形作品の目覚ましい進化・変容を目の当たりにすると、それらの流れを取り込んで、書き変える必要があるが、その進化・変容のスピードはあまりにも速く、ここでその流れについて何らかのことを書き加えたとしても、それが印刷されて世に現れるようになった時には、もはや古めかしい道標に過ぎなくなっているのではないかと思う。言い換えるなら、現代美術における急速に姿を変える混沌とした流れについての考察は、もう少し時間が経ってから、マクロ的、すなわち、鳥瞰的で通時的な視点からの検討を行ったうえで論じるべきであろうと思われる。したがって、今回は、これについて論じることはしないこととした。

最後になるが、本書の新装版刊行に際しては、東京大学出版会編集部の小松美加さんの努力に負うところが大である。著者として深甚の感謝をささげる次第である。

二〇一八年三月

岩田　誠

あとがき

私が子どものころ、『少年美術全集（という名前だったと記憶している）』という大型の本が定期的に届けられていた。当時としてはかなり贅沢な本を年端もいかない子どもに買い与えていたのは、美術全集で書架を一杯にしていた父が、息子に自らの楽しみを分かち与えようとしていたのだろう。父の意図はともかくとして、そこに載っているさまざまな絵や彫刻の写真を見るのは楽しく、その作家たちの名前も自然に親しいものになってしまっていた。なかでもとくに印象に残っているのがドナテッロとミケランジェロのダヴィデ像、そしてロダンのバルザック像といった彫刻ばかりであるのは、白黒写真だけの本だったためであろう。そんなことで、私がもの心つくようになったときには、すでにいわゆる西洋美術の巨匠たちは私にとって非常に親しい存在になっていた。おまけに、父は頻繁に私を美術館や博物館、あるいはさまざまな展覧会に連れていき、また幼稚園時代から私に油絵を習わせた。私の通っていた幼稚園の園長先生を介して、洋画家の藤川先生という方に、私を弟子入りさせたのである。藤川先生は私を大変かわいがって下さったので、先生のところに通って絵を描くことは、私にとって楽しい週間予定のひとつになった。藤川先生のところで絵を習ううちに、父の好きな画家は印象派の画家たちであること、そしてマネ、モネ、ルノアール、そしてゴッホ、ゴーガン、それにセザンヌといった人たちがどんな描き方をしたかがわかってきた。しかし、父が期待（？）したほどの才能をもっていないことをよく自覚していた息子は、そこまでわかったところで油絵の勉強は自発的にやめ、自分にとって〝絵は描くものではなく、見るものである〟と結論づけてしまった。それ以後美術にたいしては、つねに手を使うことなく目だけを使う、という完全に受け身の立場を守り続けている。

しかし、手を使うのをやめただけ、目のほうは忙しく使ってきた。そのころは、いまのように展覧会が頻繁に開かれるようなことはなかったし、外国に出かけていくなどということは夢にも思わなかったから、父の書架にあった美術全集や画集の類が、すべて私の個人的な美術館であった。また、ミロのヴィーナスやモナリザが上野の山で展示されるとなれば、どんなに長い列であろうと尻尾に並んで待つことを厭わなかったし、松方コレクションやブリッジストーン美術館で幼いころから親しかった名前に接することは、なにか郷愁にも似た懐かしい感情を呼び起こした。その後、思いもかけず外国の美術館を訪ねることとなり、幼いころに『少年美術全集』で接した絵や彫刻の本物に出会ったときも、新しいものを発見したというよりは、旧知のものに出会ったという気持ちのほうが強かった。しかし同時に、そのような美術館めぐりでそれまでしっているとと思っていたそれほど好きでなかった絵に、美術全集ではまったくわからなかった素晴しい美しさを見つけ、本当にびっくりすることもたびたびだった。たとえば、ルーヴルで、それまで平凡な絵だとばかり思ってほとんど無視していたアングルの作品の高貴な美しさにはじめて接したときの新鮮な驚きはいまでも忘れないし、同じルーヴルではじめて見たジョルジュ・ドゥ・ラ・トゥールやジュール・ロマン、そしてニューヨークのフリック・コレクションでのフェルメール、といったそれまでしらなかった画家たちの魅力的な画面との出会いも、本当に印象に残っている。

こんなことを書き連ねているのは、私と同じように、あるいは私よりもずっと、絵を見ることが好きで好きでたまらない人びとにたいする弁解である。なにかの理屈を考えながら絵を見るほどばかばかしい事はないし、この本に書いたことは、正確にいえば絵を見ている最中に考えたことではない。私自身は、神経心理学という脳科学の分野に興味をもってきた人間であるが、ふと気がついてみると、脳科学においてここ二〇年ほどまえから次第にあきらかになってきた視覚認知の脳機構の仕組が、すでに画家たちの直感によって何十年も前からあきらかにされていたことに驚かされたのである。そのことを私に気づかせるきっかけとなったのは、脳損傷を受けた患者さんたち、本書に紹介したW氏とN氏であった。視覚認知の能力において重大な障害をもっておられたお二人の視覚世界がいったいどのようなものかと思いを馳せるうちに、突然どういうわけかピカソの絵とモンドリアンの絵が思い出された。それによって、逆にこれらの画家の作り出した視覚世界の意味がそれまでとはまったく違ったものとして私に迫ってきしたのである。そんなことがきっかけとなって、私にとって親しい絵をもう一度その気で見直してみたら、こんな本ができてしまった。したがって、これは絵を見るときの私の見方というよりは、絵を見ているうちに私が教わった、ものの見方なのである。

東京大学出版会の浜尾悦子さんは、本書の企画の最初から、優柔不断でなかなか腰をあげない私をじっと見守り、またようやくにして企画が決まってからは、今度は筆の進まぬ私に愛想をつかすことなく、絶えず励まし、そして、図ばかり多いこの面倒な本を本の形らしく整えて下さった。また本書は、長く東京大学出版会の理事長を務めておられたわが尊敬する先輩、養老孟司先生が、理事長としての最後の仕事のひとつとして出版を企画して下さったものでもある。このお二人がおられなければ、この本が生まれることはなかったであろう。ここにあらためて、お二人に感謝したい。

著者識

一九九七年九月一五日

図版出典一覧

第 1 章

図 7. Rembrandt : Portrait of Saskia. Staarliche Kunstsammlungen Kassel, Kassel.

図 27. P. Picasso : Three Musicians, The Museum of Modern Art, New York. Hunter S : Masters of Twentieth Century Art, Abbeville Press, NewYork, 1980, p. 39.

図 32. P. Mondrian : Apple Tree in Flowers, Gemeentemuseum, The Hague. Milner J : Mondrian. Phaidon Press, London, 1992, p. 99.

第 2 章

図 5. 宮本武蔵：枯木鳴鵙図．久保惣記念美術館．

図 16. L. Corinth : Self portrait. Fogg Art Museum, Harvard University, MA. Edwards B : Dessiner grâce au cerveau droit. 9e éd, French translation by Schoffeniels-Jeunehomme M, Pierre Mardaga, Liège, 1995, p. 116.

第 3 章

図 1. 横浜美術館編：ポンペイの壁画展．「ポンペイの壁画展」日本展実行委員会，1977, p. 155.

図 2. J-L. David : Serment des Horaces. Musée de Louvre, Paris. 中山公男総監修：The Great History of Art. 新古典・ロマン・写実主義の魅力．同朋舎出版，京都，1997, p. 6.

図 3. A. Gorky : Dessin. Michaud Y : Arshile Gorky. Galerie Marwan-Hoss, Paris, 1993, p. 11.

図 4. 小林古径：清姫．小林古径保存会，山種美術館，東京．

図 7.　A. Mantegna : Cristo Morto, Brera Gallery, Millano. エットーレ・カメザスカ著／塚本　博訳：マンテーニャ．東京書籍，東京，1993, p. 58.

図 8.　A. Dürer : Le Dessinateur et la Femme. Metropolitan Museum of Art, New York. Edwards B : Dessiner grâce au cerveau droit. 9e éd, French translation by Schoffeniels-Jeunehomme M, Pierre Mardaga, Liège, 1995, p. 116.

図 9.　G. de La Tour : La Madelaine à la veillesse. Musée de Louvre, Paris.

図 10.　P. Bruegel : Jager im Schnee. Kunsthistorisches Museum, Wien.

図 11.　Rembrandt : Self Portrait. The National Gallery, London.

図 12.　Rembrandt : The Night Watch. Rijksmuseum, Amsterdam.

図 13.　伊藤若冲：松に鶴図．鹿苑寺．

図 14.　村上華岳：牡丹遊蝶図．河北倫明，平山郁夫監修：巨匠の日本画［9］村上華岳．学研，東京，1994, p. 64.

図 15.　C. Monet : Femme à l'Ombrelle. Musée d'Orsay, Paris.

図 16.　A. Renoir : Musée d'Orsay, Paris. Cahn I : Les Nus de Renoir Editions Assouline, Paris.

図 17.　G. Seurat : Poseuses, The Barnes Foundation, Merion.

図 18.　M. Duchamp : Nu descendant l'escalier, II. Philadelphia Museum of Art, Philadelphia. 中原佑介：デュシャン．新潮社，東京，1976, p. 19.

図 19.　Leviant I :Enigma. Palais de le Découverte, Paris. 1993.

図 20.　Bacon F : Etude d'Isabel Rawsthorn. Centre National d'Art et de Culture Georges Pompidou, Paris.

図 21. Mondrian P : Still life with Ginger jar I & II., Gemeentemuseum, The Hague. Milner J : Mondrian. Phaidon Press, London, 1992, p. 90, 91.

図 22. R. Magritte : Personal Values, Gimferrer P : Magritte. Rizzoli, New York, 1986, Fig. 77.

図 23. M. Chagall : I and the Village, The Museum of Modern Art, New York. Hunter S : Masters of Twentieth Century Art, Abbeville Press, New York, 1980, p. 57.

図 24. 木下晋：視線，目黒区美術館ほか：気まぐれ美術館——州之内徹と日本の近代美術——図録，1997.

図 25. Kandinsky : Pictures with Three Spots, The Thyssen-Bornemisza Collection, Lugano.

図 26. J. Fautrier : Grande Tête Tragique. Musée Nationale d'Art Moderne, Paris.

図 27. J. Pollock : Blue Poles, Australian National Gallery, Camberra. Hunter S : Masters of Twentieth Century Art, Abbeville Press, New York, 1980, p. 90.

引用文献

第1章

Seashore CE : Psychology of Music. McGraw-Hill, New York, 1938. (1967年, Dover, New Yorkより再版)

金子章道：眼球．入来正躬，外山敬介編，生理学，文光堂，東京，1986, pp 187-212.

池田光男：眼はなにを見ているか―視覚系の情報処理．平凡社，東京，1988.

Land EH : The retinex. *Sci Am* **52** : 247-264, 1964.

Livingstone MS, Hubel DH : Segregation of form, color, movement and depth : anatomy, physiology and perception. *Science* **240** : 740-749.

S. ゼキ著，河内十郎訳：脳のビジョン．医学書院，東京，1995.

S. ゼキ著，赤瀬英介訳：脳と視覚．"別冊日経サイエンス 脳と心"，伊藤正男（監修），松本　元（編），日経サイエンス社，東京，1993, pp 78-89.

Tootell RBH, Rappas JB, Dale AM, Look RB, Sereno MI, Malach R, Brady TJ, Rosen BR : Visual motion aftereffect in human cortical area MT revealed by functional magnetic resonance imaging. *Nature* **375** : 139-141, 1995.

Zihl J, von Cramon D, Mai N : Selective disturbance of movement vision after bilateral brain damage. *Brain* **106** : 313-340, 1983.

M. ミシュキン，T. アッペンゼラー著，塚田裕三訳：記憶の解剖学．"別冊日経サイエンス 脳と心"，伊藤正男（監修），松本　元（編），日経サイエンス社，東京，1993, pp 126-138.

酒田英夫，泰羅雅登：頭頂葉における空間視のニューロン機構．神経進歩 **39** : 561-575, 1995.

山根　茂，松田圭司：下側頭回の顔識別機構．神経進歩 **35** : 423-432, 1991.

藤田一郎：下側頭回の形態識別機能．神経進歩 **35** : 414-422, 1991.

岩田　誠：ヒトの視覚的思考におけるモジュール構造．神経進歩 **35** : 489-495, 1991.

Rondot P : 視覚性運動失調症―視覚・運動解離症候群―．脳と神経 **27** : 933-940, 1975.

岩田　誠：見る seeing ヒトの場合．*Brain Medical* **2**: 29-38, 1990.
Newcombe F, Ratcliff G, Damasio H: Dissociable visual and spatial impairments following right posterior cerebral lesions: Clinical, neuropsychological and anatomical evidence. *Neuropsychologia* **25**: 149-161, 1987.
酒井邦嘉：視覚的イメージのニューロン機構．神経進歩 **39**: 612-623.
Levine DN, Warach J, Farah M: Two visual systems in mental imagery: Dissociation of "what" and "where" in imagery disorders due to bilateral posterior cerebral lesions. *Neurology* **35**: 1010-1018, 1985.
Farah MJ, Levine DN, Calvanio R: A case study of mental imagery deficit. *Brain Cognition* **8**: 147-164, 1988.
Behrmann M, Winocur G, Moscovitch: Dissociation between mental imagery and object recognition in a brain-damaged patient. *Nature* **359**, 636-637, 1992.
高橋伸佳，河村　満：街並失認と道順障害．神経進歩 **39**: 689-696, 1995.
Dejerine J: Contribution à l'étude anatomopathologique et clinique des différentes variétés de cécité verbale. *Mém Soc Biol* **4**: 61-90, 1892.
Geschwind N, Fusillo M: Color-naming defect in association with alexia. *Arch Neurol* **15**: 137-146, 1965.
岩田　誠：純粋失読症候群の神経心理学的側面．神経進歩 **21**: 930-940, 1977.
福沢一吉，河村　満，平山惠造：大脳病変による色の情報処理障害——大脳性色盲と色名呼称障害について——．神経進歩 **35**: 423-432, 1991.

第2章

Tanji J, Shima K: Role for supplementary motor area cells in planning several movements ahead. *Nature* **371**: 413-416, 1994.
久保田　競：前頭前野と随意運動．神経進歩 **28**: 103-111, 1984.
Baddeley A: Working memory. *Science* **255**: 556-559, 1992.
相馬芳明：伝導失語と短期記憶．神経心理 **2**: 21-30, 1986.
河村　満，平山惠造，長谷川啓子，館野之男，宍戸文男，杉下守弘：頭頂葉性純粋失書——病変と症候の検討——．失語症研究 **4**: 656-663, 1984.
Piercy M, Hécaen H, de Ajuriaguerra J: Constructional apraxia associated with unilateral cerebral lesions——Left and right sided

case compared. *Brain* **83** : 225-242, 1960.
Gazzaniga MS, Bogen JE, Sperry RW : Observation on visual perception after disconnexion of the cerebral hemispheres in man. *Brain* **88** : 221-236, 1965.
LeDoux JE, Wilson DH, Gazzaniga MS : Manipulo-spatial aspects of cerebral lateralization : Clues to the origin of lateralization. *Neuropsychologia* **15** : 743-750, 1977.
杉下守弘，岩田　誠，篠原　明：Disconnexion syndrome と構成失行——脳梁後部切断例の研究を中心に．精神医学 **23** : 1019-1023, 1981.
Iwata M, Toyokura Y : Neuropsychological studies on partial split brain patients in Japan. "Epilepsy and the Corpus Callosum," Reeves AG (ed), Plenum, New York, 1985, pp 401-415.
Gazzaniga MS, Freedman H : Observations on visual processes after posterior callosal section. *Neurology* **23** : 1126-1130, 1973.
B. エドワーズ著，北村孝一訳：脳の右側で描け．マール社，1981.
井上聖啓，杉下守弘：半側空間失認の患者が描いた絵画．神経内科 **1** : 162-166, 1974.
D. モリス著，小野嘉明訳：美術の生物学——類人猿の絵描き行動——．法政大学出版会，東京，1975.

第3章

D. マー著，乾敏郎，安藤広志訳：ビジョン——視覚の計算理論と脳内表現——，産業図書，東京，1987.
Iwata M : Creativity in Modern Painting and the Cerebral Mechanism of Vision. "The Annual of Psychoanalysis, Vol XXIV 1995", Winer JA (ed), The Analytic Press, Hillsdale, NJ, 1996, pp 113-129.
Zeki S, Lamb M : The neurology of kinetic art. *Brain* **117** : 607-636, 1994.

第4章

森　悦郎，山鳥　重：前頭葉内側面損傷と道具の強迫的使用．精神医学 **27** : 655-660, 1985.
Lhermitte F, Pillon B, Serdaru M : Human autonomy and the frontal lobes. Part I & Part II. *Ann Neurol* **19** : 326-334, 335-343, 1986.
Sandson J, Albert ML : Perseveration in behavioral neurology. *Neurology* **37** : 1036-1741, 1987.
Jones-Gotman M, Milner B : Design fluency : The invention of nonsense drawings after focal cortical lesions. *Neuropsychologia* **15**: 653-673, 1977.

章末補遺引用文献

序章補遺

Pike AWG, *et al*: U-series dating of Paleolithic art in 11 caves in Spain. *Science* **336**: 1409–1413, 2012.

Hoffmann DL, *et al*: U-Th dating of carbonate crusts reveals Neanderthal origin of Iberian cave art. *Science* **359**: 912–915, 2018.

Higham T, *et al*: The timing and spatio-temporal patterning of Neanderthal disappearance. *Nature* **512**: 306–309, 2014

岩田　誠：ホモ ピクトル ムジカーリス──アートの進化史──．中山書店，東京，2017.

第 2 章補遺

岩田　誠：ホモ ピクトル ムジカーリス──アートの進化史──．中山書店，東京，2017.

齋藤亜矢：ヒトはなぜ絵を描くのか──芸術認知科学への招待──．岩波書店，東京，2014.

永井知代子：Williams 症候群の認知神経心理学──描画発達とコミュニケーション──．神経心理学 **24**: 48–60, 2008.

Nagai C, Inui T, Iwata M: Fading-figure tracing in Williams syndrome. *Brain and Cognition* **75**: 10–17, 2010.

第 3 章補遺

Iwata M: La ligne humaine de l'utopie. "Les utopies et leur représentations," Kato S, Beaugrand C, Abensour D (eds), le Quartier, Quimper, 2000.

岩田　誠：ホモ ピクトル ムジカーリス──アートの進化史──．中山書店，東京，2017.

著者略歴

一九四二年　東京に生れる
一九六七年　東京大学医学部卒業
一九八二年　東京大学助教授
一九九四年　東京女子医科大学教授（医学博士）
二〇〇八年　東京女子医科大学名誉教授
二〇〇九年　メディカルクリニック柿の木坂院長

主要著書

『神経症候学を学ぶ人のために』（一九九四年、医学書院）
『脳とコミュニケーション』（一九八七年、朝倉書店）
『言葉を失うということ』（一九八七年、岩波書店）
『脳とことば』（一九九六年、共立出版）
『パリ医学散歩』（一九九一年、岩波書店）
『ペールラシューズの医学者たち』（一九九五年、中山書店）
『脳と音楽』（二〇〇一年、メディカルレビュー社）
『ホモピクトルムジカーリス』（二〇一七年、中山書店）

見る脳・描く脳【増補新装版】
――絵画のニューロサイエンス

一九九七年一〇月二七日　初版
二〇一八年　五　月一〇日　増補新装版
二〇二〇年　六　月一〇日　増補新装版第二刷

［検印廃止］

著　者　岩田《いわた》　誠《まこと》
発行所　一般財団法人　東京大学出版会
代表者　吉見俊哉
一五三-〇〇四一　東京都目黒区駒場四―五―二九
電話：〇三―六四〇七―一〇六九
振替〇〇一六〇―六―五九九六四
印刷所　株式会社　精興社
製本所　誠製本株式会社

ISBN 978-4-13-063370-3